构树综合价值研究

翟晓巧　任媛媛　王文君　主编

黄河水利出版社

·郑州·

图书在版编目(CIP)数据

构树综合价值研究/翟晓巧,任媛媛,王文君主编.—郑州:黄河水利出版社,2018.10

ISBN 978-7-5509-2199-3

Ⅰ.①构… Ⅱ.①翟… ②任… ③王… Ⅲ.①构树-价值-研究 Ⅳ.①S564

中国版本图书馆 CIP 数据核字(2018)第 253185 号

出 版 社:黄河水利出版社

地址:河南省郑州市顺河路黄委会综合楼 14 层 邮政编码:450003

发行单位:黄河水利出版社

发行部电话:0371-66026940、66020550、66028024、66022620(传真)

E-mail:hhslcbs@126.com

承印单位:河南瑞之光印刷股份有限公司

开本:890 mm×1 240 mm 1/32

印张:5

字数:116 千字

版次:2018 年 10 月第 1 版 印次:2018 年 10 月第 1 次印刷

定价:25.00 元

《构树综合价值研究》编委会

主　　编　翟晓巧　任媛媛　王文君

副主编　孙晓薇　侯志华　梅象信

编写人员（按姓氏笔画排序）

王　念　王　刚　史俊阁

何　威　李玉峰　赵改丽

赵　琳　徐霄妍　翟翠娟

前 言

构树为桑科构树属,多年生落叶乔木。具有生长快、适应性强、分布广、易繁殖、抗污染能力强、耐烟尘污染等特点,是一种多功能综合性树种。在中国的温带、热带均有分布,不论平原、丘陵或山地都能生长。

构树韧皮纤维长、洁白,为优质的造纸原料,现常用于制造打字蜡纸原纸、引线纱纸、电池隔膜绵纸、云母带原纸、包装茶叶袋纸、烟滤纸、日本合纸、壁纸、美元钞纸等长纤维高档纸张,质量好,经济价值高。构树的乳液、叶、果实、种子、根皮、树皮均具有较高的药用价值。现代药理研究表明,构树中的黄酮类、酚类等化合物具有抗菌、免疫调节、抗癌等作用,是主要的药用成分,经济价值很高。构树雄花序、构果、种子都含有丰富的营养物质,具有很大的开发利用价值。构树全身都是宝,广泛应用于造纸、饲料、医药等行业,并在扶贫产业、环境保护生态修复上发挥重要作用。系统总结我国在构树纸用、药用、食用和菌用方面的研究成果,将对我国综合开发、高效利用构树起到积极的作用。

本书在编写过程中,根据国家产业发展政策以及当前构树产业蓬勃发展的现状,注重理论与实践、科学性与实用性的结合,循序渐进地介绍了目前构树在药用、纸用、菌用、食用等价值的研究、开发、应用情况。具体介绍了构树的特点、价值、研究现状、开发及应用前景等内容。本书可以作为农林院校、科研单位、生产单位工作者的参考用书,旨在充分发掘构树的利用潜力,开发构树多种经济用途,促

目 录

第一章　构树介绍

第一节　构树的历史

构树原名楮桑，通称彀楮树，民间还有楮桃树、沙纸树、鹿仔树、谷浆树、彀木、奶树等多种别称。构树现称源自李时珍“叶有瓣者曰楮，无则曰构……彀田久废必生构”的描述。

褚树是我国的古老树种之一，它很早以前就为古人所知，并见于古籍记载。

春秋时代成书的《诗经·小雅》记载“乐彼之园，爰有树檀，其下维彀”，大意是园中哪里有青檀大树，下面便有稍矮的构树，它们都是有用的树木。“彀”是古人对构树的叫法。《诗经·小雅》中的《黄鸟》篇中有“黄鸟，黄鸟，无集于谷，无啄我粟……”（谷：楮树，叶似桑，树皮有白斑）。汉代史学家司马迁在《史记·殷本纪》中著录：殷代时“帝太戊立伊陟为相。亳有祥桑彀共生于朝，一暮大拱……”（孔安国注：祥，袄怪也，‘木合生，不恭之罚”）。当时发现的桑彀两木，合抱而生，一夜之间，其大如拱（两手合抱），被认为是“妖怪”。此事发生于公元前1637年，距今3600多年。

《山海经》为我国现存最古老的动植物志书，弄清书中所载地理及生物类型，是了解上古时期自然环境和社会人文特征的重要途径。

《山海经·南山经》：“有木焉，其状如彀而黑理，其华四照，其名曰迷彀，佩之不迷”。《说文解字》：“彀，楮也”。陶弘景注本草经云:“榖,此即今构树也;榖构同声,故榖亦名构”。《诗疏》:“榖,幽州人谓之榖桑,或曰楮桑”。郭璞注:“榖,材也,皮作纸”。《本草纲目·木部·楮》:“榖楮不必分别,惟辨雌雄耳……三月开花成长穗……雌者皮白而叶有丫叉,亦开碎花,结实如杨梅”。据此,榖(桑)、楮(桑)、构一物,雄花葇荑花序状、雌花头状、皮可造纸,所述特征与桑科构属(*Broussonetia*)构树(*B. papyrifera*)相符,《植物名实图考·木类·楮》图示亦与构树相符,故释之。“佩之不迷”或许因为其头状花序“四照”。

第二节 构树的生物学特征及分布

构树(学名 *Broussonetia papyrifera*)属于桑科(Moraceae)桑亚科(Moroideae)构树族(Broussonetieae),本属全世界共有 5 种,分布于亚洲东部及太平洋岛屿;我国有 4 种,即构树(*Broussonetia papyrifera* (L.) Vent)、小构树(*Broussonetia. kazinoki Sieb*. et Zucc.)、藤构(*Broussonetia kaempferi Sieb*. var. australis Suzuki)、落叶花桑(*Broussonetia kurzii* (Hook. f.) Comer.)。

构树,别名大构、大谷皮绳、楮树、楮桃树等,主要分布于我国华北、西北、华东、中南、西南各省区(见表 1-1)。日本、韩国、朝鲜、越南、锡金、不丹、缅甸北部、老挝、泰国、印度都有分布,从边缘热带、亚热带,直至北纬 42 ℃,大致分布区域与桑树相同。

构树为强阳性树种,适应性、抗逆性非常强,能耐干燥、瘠薄土壤,多生长于石灰岩山地,酸性和中性土壤也能生长。根系浅,侧根分布很广,生长快,萌芽力和分蘖力强,耐修剪,病虫害较少。

表 1-1　构树在我国的分布

植物名称	别名	分布
构树 *Broussonetia Papyrifera*(L.) Vent	楮、毛桃、大叶谷、楮树、谷树、谷浆树、沙皮树、大骨皮、谷皮树、棉藤、楮桃、野杨梅、构泡	江苏、浙江、河南、湖北、湖南、北京、山东、山西、甘肃、安徽、四川、云南、贵州、陕西、广西、广东、河北、上海
小构树 *Broussonetia Kazinoki Sieb.* et Zucc.	楮皮、纸皮、细叶构皮柴、皮藤、谷皮藤、葡蟠、女谷、野构树、野构桃、构皮麻	浙江、安徽、福建、贵州、秦岭、湖南、云南、陕西、湖北、广东、河南、江西、台湾、江苏、四川、山西、广西
藤葡蟠 *Broussonetia Kaempferi Sieb.*	藤构、藤葡蟠、尖叶楮、皮树、构桑、谷皮藤、葡蟠	福建、江西、浙江、湖北、广东、广西、四川、安徽、贵州、江苏、陕西

注:引自郑汉臣、黄宝康、秦路平(2002)。

构树的茎叶有乳汁,嫩叶有柔毛,后脱落。叶片螺旋状排列,互生,广卵形至长椭圆状卵形,先端渐尖,基部圆形或心形,两侧常不相等,边缘具粗锯齿,长 6 ~ 18 cm,宽 5 ~ 9 cm,不分裂或不规则的 3 ~ 5 裂(见图 1-1)。叶片上表面有糙毛,少见气孔,而下表面则密生柔毛,气孔密集。较高的气孔密度意味着较高的净光合作用率,因此整株植物具有光合面积大、光合效率高的特点。基生叶脉三出,主脉向下突出,主脉旁边生有 6 ~ 9 对大侧脉,伸至叶缘时分支成小叶脉。主脉和侧脉之间还生有数量庞大的支脉,相互交错形成呈网状,各级脉上都分布有大量的被毛。侧脉和细脉结构较主脉简单,但有木质部和韧皮部之分,其中细脉上表皮处不突起,只有下表皮处向下突起。

图 1-1　构树叶

雌雄异株,花先叶开放,单性花。雄花序为葇荑花序,粗壮,长 3 ~8 cm,苞片披针形,被毛,花被 4 裂,裂片三角状卵形,被毛,雄蕊 4,花药近球形,退化雌蕊小;雌花序球形头状,苞片棍棒状,顶端被毛,花被管状,顶端与花柱紧贴,子房卵圆形,柱头线形,被毛(见图 1-2)。3 月中旬长出,4 月中旬开花。花粉弹出,雌花序头状,直径 1.2 ~1.8 cm。

聚花果直径 1.5 ~3 cm,成熟时中央为木质果托,外被肉质浆果,橙红色(见图 1-3);每个单花顶端有一瘦果,具与果等长的柄,表面有小瘤,龙骨双层,外果皮壳质,内有 1 粒种子。

在构树群体中,雌、雄株一般呈不均匀分布,雄株所占比例比雌株高。在我国长江流域,一般 3 月中旬长出,4 月中旬开花,随后花粉弹出,花期 4 ~5 月。在体视显微镜下,雄花具有“爆破式”的托

图 1-2　构树花序

图 1-3　构树果实

药，雄花发育初期，花丝和花药呈约 60°折服状被花被包裹住，花丝处在很强的张力作用中，雄花开放时，花丝展平或反转，同时花药开裂，借助张力花粉被弹向空中，散粉后的花粉囊为空瘪状。

构树根系同样发达,根冠比大,侧根呈水平分布。一年生的构树根冠比可达到2倍以上。此外,构树根系还具备侧根分布广、生长快、萌芽力和分糵力强等特点。通过对构树根系解剖结构观察,发现构树根系的导管发达。作为大多数被子植物输导水分和矿物质的主要器官,发达的导管使构树能够适应干旱等恶劣环境,并保证快速的生长。

第三节 构树的利用价值综述

一、生态价值

构树属于阳性树种,适应性强,具有速生性、繁殖简单等特点,可混交造林,是一种良好的造林先锋树种。构树叶阔枝繁,能大量吸滞粉尘,叶上、下表皮的毛状晶细胞中含硫酸钙成分,对二氧化硫、氟化氢、氯气等有毒有害气体抗性强,耐烟尘污染,可作为工厂、城镇的绿化树种。

构树萌芽力和分蘖力强,平茬后可萌发大量枝条,适宜用作快速绿化,水土保持效果好,是荒山坡地绿化的先锋树种。构树果实鲜艳,在公园、广场、庭院等园林绿地中种植点缀,能充分展现其个性美,可用于行道绿化,亦可用于绿篱。规模化种植构树林,建立生态防护林,可以涵养水源、防坡固土、修复环境,充分体现其生态价值。构树属于浅根性树种,侧根发达,能固土固沙、防止水土流失、减少风蚀,是石漠化造林的优良树种。

在构树用于绿化和植被恢复方面,熊佑清研究了构树在绿化中的应用,指出构树是我国一种野生标准的先驱植物,分布广、适应性强、抗性强,是城市园林绿化,特别是工矿企业绿化的理想树种,也是

“三北”地区防护林和山区大力推广种植的好树种。朱栗琼等分析了受污染植物的叶片，指出构树各项指标下降较小，具有较强的抗污染能力。蒋俊明等研究了攀枝花干热河谷几种主要造林树种的抗旱能力，结果表明构树是抗旱能力较强的树种之一。赖发英等研究试验中发现构树是对重金属污染土壤生态修复很好的一个树种。

二、药用价值

构树叶、果、根皮均含有一定的生理活性物质，具有广泛的医药用途。从构树叶中分离出的黄酮类和二苯丙烷类化合物，能抑制心房收缩力和防治皮肤病，能降低醋酸铅和亚砷酸钠对人表皮细胞的损伤。果实性寒、味甘，具有滋肾清肝、明目利尿之功效，可治疗腰膝酸软、头晕目眩、水肿、胀痛，还具有治喉痹和减肥之功效。近几年药理临床研究证明，构树果实具有延缓老年痴呆的作用，可开发研制出治疗老年性疾病的新药。庞素秋等从构树果中分离得到 5 种生物碱，发现它们对多种肿瘤细胞生长有抑制作用，为开发抗肿瘤新药提供了重要依据。构树根部含有可抑制酪氨酸酶、芳香化酶的活性物质，可开发出治疗乳腺癌、前列腺癌的新药。

构树黄酮类和生物碱类化合物的分离提取表明构树具有多种药理作用。随着研究的深入，一些新的生理活性物质也被分离得到，从构树根皮中分离出抑制酪氨酸酶的活性物质，为化妆品美白成分的开发提供了资源。从受伤或感染过镰孢霉菌的构树根皮中分离出可抗镰刀霉菌感染的植物抗毒素，为植物保护性药物的开发提供了研究基础。

三、造纸及板材

利用构树皮造纸早在东汉时期就有记载。构树皮木质素含量低，纤维含量高、纤维长、伸长性好，只溶于浓度较高的铅酸中，不溶于氢氧化钠、盐酸、二甲苯等有机溶剂，化学性质稳定，耐腐蚀性好。

构树韧皮具有较大的纤维利用率，可以减少化学药品用量或缩短保温时间，提高了制浆经济效益；构树皮纤维细长，分布范围4.31～20.62 mm，均值达到10.89 mm，是生产特种纸的好原料；纤维长宽比为535，有利于纤维的交织，提高纸的强度等指标。在实验室条件下，构皮纸浆得率为42.47%，Kappa值为6.70，较一般针阔叶木易成浆，具有较优的制浆性能。构树皮纤维素含量较高，具有良好的纤维形态，其制品耐折度较好，成本较低，是一种优良的制浆造纸原料，也是解决我国纸张需求的重要途径。

构树纤维品质优良、色泽洁白，具有天然丝质外观和柔软感觉，是做宣纸、沙纸、复写纸、蜡纸、绝缘纸及人造棉等高档用纸的好材料，如安徽宣城制造的宣纸。由于其稳定性和耐腐蚀性较好，尤其适合作造币用纸。构树纤维可纺性好，与人造丝混合，可用于制作高档刺绣工艺品、台布等，如贵州制造的皮纸和丝棉衣、皮衣的衬纸等，云南临沧傣族构树皮纸具有坚韧洁白、柔软光滑、久存不陈、力撕不破及防腐防蛀等特点。

构树木材用途广泛。木材黄白至淡褐色，结构中等，纹理斜，轻软，可做器具包装材料和薪炭材料，也可用于加工木芯板、纤维板，其材质轻、不变形，可缓解目前我国木材供需矛盾。由于构树木材容易开裂，不耐腐朽，可用作家具隐背部件和包装材料。构树可通过修枝整形培养成通直圆满良材，用作屋檩、椽、模板等建筑材料。构树枝干易燃烧，无臭味，热量20 kJ/g，且具有无刺、容易收割和使用的优点，可作为薪炭林。一年生人工种植构树韧皮部含量为全杆的16%，利用低碱法生产的密度板、纤维板和纸浆产品质量好。构树木材还是多种食用菌的优质培养基，亦可放养木耳，构耳是我国传统的5种木耳之一。

四、饲用价值

随着我国饲料产业的发展，对常规饲料粮食、饼粕及牧草的需求持续增长，依赖粮食为饲料资源的问题已经凸显，开发非常规饲料资源将有效缓解问题。构树是一种优质的非常规蛋白质饲料资源。构树叶饲用价值的开发，以叶代粮，不仅降低了饲料成本，还减少了粮食的消耗，对于缓解"人畜争粮"矛盾具有重要意义。传统直接饲喂或简单青贮饲喂，消化吸收的利用率不高。由于单胃动物难以消化吸收构树蛋白质，加之构树叶粗纤维含量较高，应用生物发酵技术和酶工程技术发酵处理构树叶，将构树蛋白质分解为易吸收的氨基酸和小分子成分，大大提高了构叶饲料的吸收转化率，增加了养殖效益。充分利用生物手段，筛选获得产蛋白质酶和纤维素酶的微生物，通过发酵方式降解构树粗蛋白质和粗纤维，是进一步开发利用构树饲料资源的重要途径。

五、保健品开发

构树在春末夏初结红色果实，果实由多数小果集合而成。熟时艳红色，远看好似花朵，近看像草莓，其表面的小果可食用。作为丰富的野生资源，构树果实本身具有一定药用价值，且含有丰富的营养物质，如氨基酸、糖类、矿物质元素以及其他有利于人体健康的生物活性物质，具有抗氧化、美容、健身、缓解疲劳、提高人体免疫力等功效，可加工制成被专家称为第四代功能性饮料的天然保健果汁饮料，具有较好的市场开发前景。构树雄花序富含胡萝卜素、粗脂肪、粗蛋白质、氨基酸等多种营养成分，用幼嫩花序制成的蒸菜淡雅香甜，非常爽口，可制成罐装食品投放市场。

六、精准扶贫开发

农户种植构树，可采摘收获树叶、树皮、树干，用于饲料加工、造纸原料及纤维板生产，促进农民增收，实现“农—林—畜”经济一体化。通过构树的规模化种植，既能利用构树叶富含蛋白质的特性，“以树代粮”获得粗蛋白质木本饲料，缓解我国蛋白质饲料原料短缺的问题，又能帮助农民增加收入脱贫致富，同时还能改善贫困地区的生态环境。

2014 年构树扶贫工程被国务院扶贫办正式列为我国十项精准扶贫工程之一。2015 年 9 月在贵州省务川县召开了全国构树扶贫工程推进会。我国现已建立内蒙古、甘肃、山西、贵州、安徽、广西、河南、重庆、四川、宁夏等 10 个试点省(区、市)及安徽岳西县、河南兰考县等 32 个试点县，构树种植面积达 670 hm^2。实施构树精准扶贫工程，能够获得纯天然的环保粗蛋白质木本饲料，确保国家粮食安全。同时，发展有机、绿色、无公害的构树果实和林副产品，可以带动农户增收，帮助其脱贫致富，有利于贫困地区的生态修复及环境保护。

构树作为一种多功能性资源，其林木具有固土修复等生态价值；树皮可作为制浆造纸的原料；同时树叶能生产饲料，饲喂禽畜，而禽畜粪便可生产沼气作为清洁再生能源，沼渣和沼液可作为优质有机肥料用于果蔬等种植。因此，构树的综合利用实现了“林—浆—畜—气—肥”等多位一体的生态循环经济发展模式。

第二章　构树药用

第一节　植物医药的发展历史

一、植物药的定义

植物药是以植物的部分或者全体为医疗目的的医药品，分为传统植物药和现代植物药，运用现代科学技术生产使用的植物提取物为现代植物药。

植物药可分成全（粗）提物、有效部位、有效组分（活性组合）、有效成分等四个层次，每个层次都有开发成药物的可能。西方习惯于将植物药称为天然药物。欧盟所定义的植物药产品不只是单一药用植物，可以是多种植物药配伍（Herbal Medical Products），含有专一植物活性成分或是植物提取物，被运用于医疗目的的医药用品。

中草药是中国特有的植物药。中药是以中国传统医药理论指导采集、炮制、制剂，说明作用机制，指导临床应用的药物。简而言之，中药就是指在中医理论指导下，用于预防、治疗、诊断疾病并具有康复与保健作用的物质。中药主要来源于天然药及其加工品，主要由植物药（根、茎、叶、果）、动物药（内脏、皮、骨、器官等）和矿物药组成。由于中药以植物药居多，故有“诸药以草为本”的说法，所以中药也称中草药。中国各地使用的中药已达5 000种左右，把各种药材相配伍而形成的方剂，更是数不胜数。经过几千年的研究，形成了一门独立的科学——本草学。现在中国各医学院校都开设了天然药物这门课,所讲述的内容就是通称的中草药。

二、植物药的历史

中国是中草药的发源地,目前中国大约有 12 000 种药用植物,这是其他国家所不具备的,在中药资源上我国占据垄断优势。古代先贤对中草药和中医药学的深入探索、研究和总结,使得中草药得到了最广泛的认同与应用。

中药是我们的祖先在长期的医疗实践中积累起来的,是我国古代优秀文化遗产的重要组成部分。相传,神农尝百草,首创医药,被尊为“药皇”。“神农时代”大约相当于新石器时代。那时候,已经有了原始农业,人们对各种农作物和天然之物的性能逐步有所了解,对它们的药用性能也开始有所认识。所谓“尝”,指的就是当时的用药都是通过人体自身的试验来了解其治疗作用的。

本草的含义古人谓“诸药草类最多,诸药以草为本”。由于中药的来源以植物性药材居多,使用也最普遍,所以古来相沿把药学称为“本草”。本草典籍和文献十分丰富,记录着我国人民发明和发展医药学的智慧创造和卓越贡献,并较完整地保存和流传下来,成为中华民族优秀文化宝库中的一个重要内容。

《神农本草经》就是当时流传下来的、中国现存最早的药物学专著。《神农本草经》全书共三卷,收录药物包括动物、植物、矿物三类,共 365 种,每药项下载有性味、功能与主治,《神农本草经》中另有序例简要地记述了用药的基本理论,如有毒无毒、四气五味、配伍法度、服药方法及丸、散、膏、酒等剂型,可以说是汉代以前我国药物知识的总结,并为以后的药学发展奠定了基础。到了南北朝,梁代陶弘景(公元452~536年)将《神农本草经》整理补充,著成《本草经集注》一书,其中增加了汉魏以下名医所用药物365种,称为《名医别录》。

隋唐时期,由于政治统一,经济文化繁荣,内外交通发达,外来药物日益增多,用药经验不断丰富,对药物学成就进一步总结已成为当时的客观需要。公元657年唐政府组织苏敬等二十余人集体编修本草,于公元659年完稿,名为《唐·新修本草》(又名《唐本草》)。这是中国古代由政府颁行的第一部药典,也是世界上最早的国家药典。

明代医药学家李时珍(公元1518~1593年)亲自上山采药,广泛地到各地调查,搞清了许多药用植物的生长形态,并对某些动物药进行解剖或追踪观察,对药用矿物进行比较和炼制,参考文献800余种,历时27年之久,写成了《本草纲目》,收录药物1 892种、附方10 000多个,对中国和世界药物学的发展做出了杰出的贡献。

中华民国建立后,在西方科技文化大量涌入的情况下,出现了中西药并存的局面。与此相应,社会和医药界对传统的中国医药逐渐有了“中医”“中药”之称,对现代西方医药也因此逐渐称为“西医”“西药”。

中医药学历数千年而不衰,显示了自身强大的生命力,它与现代医药共同构成了我国卫生事业,是中国医药卫生事业所具有的特色和优势。

三、中国药用植物资源的分布

中国位于亚欧大陆的东部和中部、太平洋的西岸,处于中纬度和低纬度,大部分地区属亚热带和温带,少部分属于热带。我国具有山地、丘陵、高原、盆地、平原等多种地貌类型,是一个多山国家,山地、高原和丘陵约占全国土地总面积的86%。综合我国自然条件的重大差异,可把自然区域划分为东部季风区域、西北干旱区域和青藏高寒区域。其分界是:东起东北大兴安岭西坡,南沿内蒙古高原东部边缘,进入华北,转入沿内蒙古高原的南部边缘,向西南黄土高原西部边缘,直接与青藏高原东部边缘相连接。在这条线以东是东部季风区域,然后沿青藏高原北部边缘,可明显分出西北干旱区域和青藏高寒区域。其不同自然条件对生物种类和药用植物分布有着重要影响。

三大自然区域的明显气候特征是东部湿润、西北干旱、青藏高寒。热量和水分是决定药用植物资源分布的两个主要因素。水分和热量的结合,导致植物地理分布的形成:一方面沿纬度方向成带状发生有规律的更替,称为纬度地带性;另一方面从沿海向内陆方向成带状发生有规律的更替,称为经度地带性。纬度地带性和经度地带性合称水平地带性。随着海拔的增加,植物也发生有规律的更替,称为垂直地带性。纬度地带性、经度地带性和垂直地带性结合起来,影响并决定着一个地区植被种类和分布的基本特点。这就是"三向地带性"学说。

我国药用植物在三大区域的分布特征是:东部季风区域以纬向分布最明显,西北干旱区域以经向分布最明显,青藏高寒区域以垂直分布最明显。

(一)东北寒温带、温带区

该区位于我国东北部,属寒温带、温带湿润、半湿润地区,是我国纬度最高、气候最冷,受海洋季风影响的自然区域。其基本特征是冬季寒冷而漫长,夏季温暖、湿润而短促,春季多大风,秋季风速较春季小。降水集中在夏季,大部分地区年降水量为400~700 mm,长白山地区东南侧可达1 000 mm。全区分布较广的地带性土壤有寒温带的漂灰土，温带的暗棕壤、黑土和黑钙土。区内森林植被以针叶林与针阔叶混交林为主，林下灌木和草本植物茂盛。有维管束植物约2 670种，约占全国总数的1/10。该区药用植物资源的特点是地道品种和珍贵、稀有种类多，蕴藏量和产量大，代表性药用种有人参、黄檗、五味子、细辛、黄芪、刺五加、桔梗和党参等。

东北区纵横海拔均在1 000 m以上，根据气候因素，参考地形条件并结合药用植物分布的特点，可将东北区分为大兴安岭北部山地、东北东部山地和东北中部平原三部分。

（二）华北暖温带区

该区西邻青藏高原，东至黄海、渤海，北面与东北和内蒙古自治区相接，南界以秦岭北麓、伏牛山、淮河与华中地区接壤，西高东低，分为山地、丘陵和平原三部分。山地有太行山、沂蒙山、泰山、华山、五台山等高山，秦岭主峰太白山的海拔高达3 767 m；丘陵有辽东丘陵和山东丘陵；平原有华北大平原和辽河平原。具有暖温带大陆性季风气候特征，四季分明，夏季气温较高而多雨；冬季较长，气温寒冷而干燥；春季干旱，多风沙；秋季天高气爽，但持续时间较短。该区年降水量少于东北区，但降水比东北区集中，降水量从沿海向西北方向递减，而年平均温度则由北向南递增。

该区约有种子植物3 500种，隶属200科、1 000属，草本植物占种数的2/3，木本植物占1/3。药用植物资源丰富，种类多、产量大，药材生产水平较高，是我国暖温带药用植物的集中产区。这一地区盛产著名的地道药材，如河南的地黄、山药、牛膝和菊花四大怀药，以及红花、禹白附、款冬花、补骨脂、忍冬等；河北的紫菀、薏苡、板蓝根、杏、枸杞、槐米、红花、北沙参、知母、黄芩、麻黄、升麻、柴胡、酸枣、远志、五加、马兜铃等。

根据自然条件和药用植物资源种类的不同，该区又可分为三部分，即辽东、山东低山丘陵，华北平原和冀北山地，以及黄土高原。

（三）华中亚热带区

该区介于秦岭—淮河与南岭之间，西起青藏高原东侧，东至东南沿海，主要包括长江中下游流域、浙江全省、福建大部和两广北部，幅员辽阔，南北纬度相距 11° ~ 12°，东西跨经度约 28°；跨中亚热带和北亚热带两个气候带，年平均气温在 14 ~ 21 ℃，气温由北向南递增，年均降水量 800 ~ 2 000 mm，降水分布由东南沿海向西北递减。具温寒适宜、雨热同季的气候特点，对喜温好湿的药用植物的生长和发育极为有利。该区主要的地带性土壤是红壤与黄壤，以及山地黄棕壤；该区地貌类型较多，山地、丘陵、高原、平原交错分布，总的特点是西高东低。地势较高的山地多分布在西部，包括秦巴山地等，大部分地区海拔为 2 000 ~ 3 000 m。中部和南部的大别山地、江南丘陵和南岭山地等，除个别山峰海拔高达 2 000 m 以上外，多数在 1 000 m 左右。长江中下游平原的洞庭湖、鄱阳湖、太湖一带，水网交错，湖泊星罗棋布。广西北部还有独特的岩溶地貌。

由于地处沿海地区，属北亚热带和中亚热带范围，南北植物区系交会于此，组成了丰富多彩的植被类型。区内北亚热带地带性植被类型为常绿落叶阔叶混交林，以壳斗科落叶和常绿树种为基本群落种，如麻栎、白栎和栓皮栎等。中亚热带植被类型为常绿阔叶林，以栲、石栎、青冈和樟科、茶科、木兰科、金缕梅科的树种为主，针叶林有马尾松、杉木、云南松、柏木等树种。

该区既有丘陵山地药用植物资源种类，又有平原、湖泊和滩涂药用植物资源种类，种类齐全，数量丰富。初步统计药用植物约 2 400 种，多属亚热带类型，暖温带和北热带的种类很少。栽培约有 100 多种。该区可分为长江中下游平原、江南山地丘陵和南陵山地三部分。

（四）西南亚热带区

该区位于华北、华中、华南和青藏地区之间，西南部毗邻缅甸，包括秦巴山地、四川盆地、云贵高原及部分横断山脉，是我国地形的第三阶梯，山原地貌复杂，地势起伏大，多数地区海拔为 1 500 ~ 2 000 m，最高峰超过 5 000 m，最低为长江河谷，在 300 m 以下。

该区呈现一定的大陆性气候，多数地方春季气温略高于秋季，大部分地区年平均降雨量在 1 000 mm 左右，一般分布规律是东部多于西部，但最西边界处的迎西南季风坡降水量也很丰富。该区的地带性土壤为黄壤、红壤和黄棕壤。

该区植被区系和群落组成极为丰富，云南有植物 1 万多种，四川省的被子植物和蕨类植物数量，仅次于云南，居全国第二位。该区西部的高原地区，植被区系的组成十分复杂，呈现古北极成分和古热带成分在高原山地的交错过渡；西南部的局部地区为热带植物提供了避难所，古老的特有种较多，如云南苏铁、桫椤和座莲蕨等；北部的秦巴山地是我国亚热带地区的最北隅，北为秦岭，南为大巴山，秦巴山地之间是汉江谷地，植物区系丰富，是南北东西交会的所在地，有许多特有科属。由于地形复杂、气候多样，自然植被类型出现交错镶嵌和明显的垂直分布特征。

西南亚热带区的中药资源种类多、数量大、质量优，在全国名列前茅。据统计，全区药用植物资源约有 6 000 多种。该区是我国地道药材产区，历来就有“川广云贵，地道药材”的美称。该区民族众多，少数民族用药经验丰富，如藏药、彝药、傣药、苗药、壮药等各具特色。民族药多为当地分布的特有种类，如青叶胆、火把花根（昆明山海棠）、灯盏花、青阳参、岩白菜、紫金龙、榜嘎（唐古特乌头）、船形乌头及羊耳菊等。

根据地域差异,西南亚热带区可分为秦巴山地、四川盆地、贵州高原和云南高原四部分。

(五)华南亚热带、热带区

该区位于我国最南部,北与华中、西南两区相接,南及南海和南海诸岛,与菲律宾、马来西亚、文莱等国相望,西南与越南、老挝、缅甸接壤。境内有山地、丘陵、盆地、台地、平原、海岛和海域。东部地势为西北高、东南低,海拔在 300 ~ 800 m,少数山峰超过 1 000 m;西部属云南高原南缘,海拔多在 1 000 ~ 1 500 m,少数在 2 000 m 以上;台湾岛山脉纵贯于岛的东部,最高海拔 3 950 m,是我国东部最高峰;海南岛的山地集中于岛的中部偏南,最高海拔 1 867 m;南海诸岛为珊瑚岛,由滩、礁、暗沙所构成。

该区属热带、亚热带季风气候,高温多雨,冬暖夏长,干湿季节比较分明,年降水量一般为 1 200 ~ 2 000 mm,居全国之冠。地带性土壤由南到北以砖红壤、赤红壤为主,其次有红壤、黄壤、石灰土、磷质石灰土等。

华南亚热带、热带区是我国中药资源的重要分布区,药用植物资源约有 5 000 种。该区药用植物资源的重要特点是分布和生产许多著名的南药,如阳春砂仁、缩砂蜜、肉桂、儿茶、檀香、沉香、白豆蔻、草果、草豆蔻、大风子、使君子、荜茇、胡椒、石斛、八角茴香、荜澄茄、千年健、龙血树、三七、安息香、槟榔、芦荟、苏木、诃子、毛诃子、余甘子、胖大海、丁香、大叶丁香、广藿香、鸦胆子、番泻叶等。此外,这一地区的地道药材还有木蝴蝶、高良姜、化橘红、新会陈皮、德庆何首乌、巴戟天、木香、葛根等多种。

华南亚热带、热带区跨北热带、南亚热带和中亚热带南缘三个气候带。

北热带分布的主要药用植物有槟榔、益智、巴戟天、沉香、苏木、芦荟、番泻叶、胡椒、荜茇、粗榧、海南粗榧(红壳松)、壳砂、龙血树、高良姜、青天葵、南肉桂、海南地不容、小叶地不容、安息香、儿茶、千年健、诃子、草豆蔻、鸦胆子、乌药、黄藤、广防己、马槟榔、白豆蔻、木蝴蝶、广豆根及鸡骨草等。海滩也分布一些特有的种类,如锦地罗、补血草、厚藤、龙船花、草海桐、长柄黄花稔和雀肾树等。

南亚热带分布的主要药用植物有阳春砂仁、广藿香、柑橘、化州柚(化橘红)、穿心莲、排草、紫苏、栀子、金耳环、山慈姑、何首乌、红芽大戟、广地丁、马尾千金草、苦参、通草、地枫皮、朱砂莲、金银花、石斛、灵香草及猫爪草等。

中亚热带分布的主要药用植物有玉竹、黄精、罗汉果、厚朴、黄檗、杜仲、乌头、银杏、石香薷、荆芥、独活、紫草、天麻、石斛、补骨脂和郁金等。

该区可分为粤桂、闽粤沿海及台湾省北部,海南岛、南海诸岛、台湾省南部,以及滇南山间谷地三部分。

我国1983年开始进行了除台湾省和香港、澳门特别行政区以外的较为全面的中药资源普查。通过普查,基本掌握了我国药用植物资源的区域性变化特点。我国行政所属的6个大区中,西南、中南和华东地区资源种类明显多于华北、东北和西北。6个大区的资源种类多寡的排列顺序是西南、中南、华东、西北、东北、华北。

(六)西部干旱区

我国西北干旱区域位于亚欧大陆中心,东起大兴安岭西麓,北与俄罗斯、蒙古为界,南沿长城、祁连山、金山、昆仑山北坡,西至帕米尔高原与哈萨克斯坦、吉尔吉斯斯坦、塔吉克斯坦国接壤,覆盖内蒙古高原、塔里木盆地、河套平原、天山和黄河等各种复杂的地域和水系。在行政区划上包括新疆、宁夏、内蒙古三个自治区的大部以及甘肃、青海、陕西、山西、河北等省的部分地区。该区域地处中温带至暖温带，远离海洋，降水量自沿海向内陆迅速减少，干燥度自沿海向内陆增大，形成干旱特征。从东到西，从半干旱区过渡到干旱区，药用植物资源分布也呈现相应的变化。据统计，该区有高等植物（包括蕨类）3 900 种，中药资源 2 300 种，绝大部分为药用植物，尤以麻黄科、豆科、蒺藜科、柽柳科、锁阳科、伞形科、紫草科、茄科、菊科、百合科的植物为主。该区有药用植物约 200 种，其中蕴藏量大的有甘草、麻黄、枸杞、红花、罗布麻、苦豆根、芦苇、秦艽、赤芍、大黄、锁阳、瑞香狼毒、伊贝母、新疆紫草和黄芩等。该区药用植物资源分布的特点是植物群落结构简单、优势种突出，种类相对较少，但蕴藏量大，特产药用植物突出，如甘草占全国蕴藏总量的 90% 以上，麻黄占全国蕴藏总量的 80% 以上。该区栽培的药用植物种类少，质量好、产量大，如枸杞、红花、伊贝母、黄芪及银柴等。民族药和民间药在西北干旱区域比较丰富。维吾尔族居住在天山南北，常用维药有 360 种，大部分为干旱区域的特有植物，如新疆阿魏、阿里红、索索葡萄、黑种草、阿育魏、香青兰、异叶香青兰、洋甘菊、硬尖神香草、泡囊草、骆驼蓬、苦豆子、雪荷花、阿月浑子、一枝蒿、驱虫斑鸠菊、菊苣、刺糖、孜然等。蒙古族用的蒙药有 1 000 多种，特有的药用植物有角蒿、白龙昌菜（脓疮草）、山沉香（羽叶丁香）、白刺果、蒙古莸、沙芥、沙冬青、铁杆蒿等。

（七）青藏高寒区

青藏高原北起昆仑山，南至喜马拉雅山，西自喀喇昆仑山，东抵横断山脉，与巴基斯坦、印度、尼泊尔、不丹和缅甸接壤。行政区划上包括西藏、青海绝大部分地区，甘肃、四川部分地区，新疆、云南小部分地区，幅员辽阔，土地面积约占全国土地总面积的1/4。

青藏高原地势高，海拔一般超过4 000 m，许多山峰海拔在6 000～8 000 m，主峰珠穆朗玛峰海拔为8 844 m，号称“世界屋脊”。由于地势高，气压低，空气稀薄，光照充足，多大风，干、湿季节分明，大部分地区年降水量为50～900 mm。该区寒冷而干燥，气候条件极为严酷，植物生长稀疏，种类不多。但是，高原东部为亚热带常绿阔叶林或常绿与阔叶混交林区，南部与东部边缘，由于河谷海拔较低，热量丰富，植被出现亚热带和热带山地垂直结构，植物种类较多。青藏高原一方面其高度超过对流层的一半以上，另一方面东南太平洋季风和西南印度洋季风首先到达高原东南部，降水从东南向西北递减，因而自然植被的分布与低海拔的水平地带性植被有很大区别，属垂直地带性的高寒植被类型；植被又与同纬度的山地植被有明显区别，呈现“高原地带性”变化，与一般的水平地带性和山地垂直地带性不同。

若把边缘山地、河谷包括在内，青藏高原共有植物种类5 700种。据统计，仅西藏就有药用植物资源1 460种。青藏高原药用植物资源的特点是野生种类多，蕴藏量丰富，重要的药用植物种类约50种，如川贝母、冬虫夏草、胡黄连、黄连、天麻、牡丹、秦艽、龙胆、党参、窄竹叶柴胡、桃仁、羌活、宽叶羌活、款冬花、续断、雪莲花、细叶滇紫草、长花滇紫草、法落海、珠子参、甘松、丹参（甘西鼠尾）、川木香、山莨菪、岩白菜等。该区藏医专用的藏药很丰富，大多为高原特有品种，如藏茵陈（川西獐牙菜、普兰獐牙菜）、湿生萹、茶绒、杜鹃、塔黄（高山大黄）、洪连（短管兔儿草）、莪大夏、雪灵芝、绵参、西藏狼牙刺、绢毛菊、川西小黄菊、鸡蛋参（辐冠党参）、高山小檗、高山扁蓄、乌奴龙胆、红景天、小黄菊、高山杜鹃、全缘叶绿绒蒿、毛瓣绿绒蒿、多刺绿绒蒿、细果角茴香、拟耧斗菜，长果婆婆纳、船盔乌头、祁连龙胆、翼首花、高山葶苈和藏茴香等。高原特有的药用植物还有三指雪莲花、水母雪莲花、西藏扭连线、马尿泡、山莨菪、甘肃山莨菪、甘松、唐古特青兰、岩白菜、甘肃雪灵芝及无瓣女娄菜等多种。

四、中国药用植物资源种类

药用植物资源包含藻类、菌类、地衣类、苔藓类、蕨类及种子植物等植物类群。目前，中国药用植物资源有 385 科、2 312 属、11 118 种（搜罗 9 905 种、1 208 个种以下单元）。藻类、菌类、地衣类同属低等植物，药用资源共计 92 科、179 属、463 种；苔藓类、蕨类、种子植物为高等植物，药用资源共计 293 科、2 134 属、10 553 种。也就是说，约 95% 的药用植物资源属于高级植物，其中种子植物占 90% 以上，而藻类、菌类、地衣类、苔藓类、蕨类等孢子植物仅占 8.6%。因此，种子植物是中国药用植物资源的主体。

（一）藻类

中国藻类植物估计有数千种，其中药用藻类资源共计 42 科、53 属、114 种。

（二）菌类

中药资源所触及的菌类只限于真菌。药用真菌有 41 科、110 属、298 种，是药用低等植物中种数最多的一类。

（三）地衣类

中国地衣植物有 200 属、2 000 种。《中国药用地衣》收载药用地衣植物 9 科、17 属、71 种。

（四）苔藓类

中国有苔藓植物 108 科、494 属、2 181 种。药用资源有 21 科、

33属、43种(包罗2个变种)。其中,苔类4科、5属、6种;藓类17科、28属、37种,苔藓类是各类药用植物资源中唯一贫乏商品药材的一类。

(五)蕨类

中国有蕨类植物52科、204属、2 600种。药用蕨类资源有49科、117属、455种,包含12个变种、5个变型。蕨类药用资源居孢子植物之首,在药用植物中占有重要地位。

(六)种子植物类

中国有种子植物237科、2 988属、25 734种。此中药用种类有223科、1 984属、10 153种(含种以下等第1 103个)。种子植物包括裸子植物和被子植物两个亚门,其中被子植物亚门的药用种数十分庞大,约占药用总种数的99%。

五、木本药用植物资源

由于木本植物生活周期比较长,不便于样本的采集且木本药用植物种类远不如草本植物种类多。所以,目前我国在药用植物研究上,对于木本植物的开发与利用远低于草本植物,尤其是对乔木种类的研究与开发,相关的研究报道更少。

(一)常见木本药用植物种类

我国常见的木本药用植物约190余种,涵盖了约69个科。其中,裸子植物有7个科,分别是苏铁科、银杏科、松科、柏科、罗汉松科,三尖杉科和红豆杉科;被子植物中的双子叶植物涵盖近61个科,约178种植物;单子叶木本植物最常见的是棕榈科,主要是槟榔和棕榈。

1.裸子植物

在木本药用植物中,裸子植物种类所占比重不大。我国比较常见的有苏铁科的苏铁,银杏科的银杏,松科的华山松、马尾松、油松、云南松、金钱松,柏科的侧柏,罗汉松科的罗汉松;三尖杉科的三尖杉和中国粗榧(粗榧),还有红豆杉科的红豆杉、东北红豆杉、榧树(榧子)等。

每种植物分布和生长特点均不同。例如,苏铁原产于东亚,目前世界各地均有栽培,在我国主要分布于福建、广东、广西等南方地区,多栽培于庭园,喜光耐旱,生长缓慢,根、叶、花、种可入药。银杏在我国分布很广,基本上全国各地均有栽培。银杏对自然条件的适应性比较强,是一种优良的造林树种。

裸子植物是植物界中比蕨类植物更进化的类群,植物体发达,乔木占大多数,是林木资源重要的组成部分。我国是裸子植物种类资源较为丰富的国家之一,不同物种在各地分布不同。虽然裸子植物中木本药用植物数量不多,但是在药用研究和林业建设上占有非常重要的地位,并且很多种类是我国特有的保护级物种,例如三尖杉与金钱松。对于这些珍贵的植物资源,应该给予更多的重视与保护。

2. 被子植物

木本药用植物中常见的被子植物种类很多,近 200 种。物种涵盖最多的是芸香科与蔷薇科,其次是木兰科、樟科、桑科、云实科、桃金娘科、大戟科、无患子科、漆树科、夹竹桃科、马鞭草科和木樨科。八角科是单一属科,仅有一个物种——八角。

(1)双子叶植物。木本药用植物的双子叶类植物分布广泛,遍布我国大江南北。其中长江流域和长江以南的江西、浙江、福建、广东、广西、云南等地分布的物种最多,一半以上的双子叶木本植物在这些地区均有分布,如芸香科、木兰科、樟科、桑科等科属植物。其次的主要分布地是我国的华北和西南,例如金缕梅科的檵木,桑科的构树、无花果等。再次就是我国华中和东北等地区，常见植物有松科的华山松、马尾松、油松，木兰科的玉兰、厚朴，榆科的榆树，以及芸香科的黄柏、枳和花椒等。

(2)单子叶植物。木本药用植物中，单子叶植物所占比例很小。一般比较常见的是棕榈科的槟榔和棕榈。

木本药用植物中的被子植物种类所占比例很大，但是真正投入重点研究的物种目前还不到总数的一半。除了几种对某些疑难杂症具有显著治疗效用的物种，如文冠果、喜树、中国沙棘、杜仲、吴茱萸等外，还有很多珍贵木本药用植物有待研究与开发。我国有着很丰富的木本药用植物资源，尤其是中医中药的药源植物资源。所以，人们首先应该提高对资源的保护意识，然后针对我国的木本药用资源植物的形态特征、生态特征、适应条件、栽培管理等各个方面做深入细致的研究，使我国木本药用植物资源得到最充分的保护与利用。

(二)木本药用植物的药用价值

在医药研究开发中，抗癌药物是研究的重点、难点和热点。近几年来，人们越来越关注中药对一些恶性肿瘤的明显治疗效果及其潜在医疗价值。常见的几种用于研究抗癌疗效的植物有三尖杉、中国粗榧(粗榧)、红豆杉、东北红豆杉、柘树、桑、无花果、皂荚、槐、柽柳、枇杷、牡丹、喜树、山茱萸、臭椿、川楝、橡木、女贞、猕猴桃、忍冬、核桃、槲寄生等。其中，裸子类植物虽然种类比较少，但是像三尖杉、红豆杉与中国粗榧，这几种木本植物是研究抗癌药物的重点植物。主要是这几种裸子植物中含有非常丰富且针对各种癌症非常有疗效的内涵物。例如三尖杉，从其根、枝、叶及种子中可提取多种生物碱，这些生物碱可用于治疗白血病、绒毛膜癌、肺癌等疾病。特别是简称双酯碱的三尖杉酯碱和高三尖杉酯碱，对治疗血癌和恶性淋巴瘤有特殊疗效。三尖杉现存自然界的甚为稀少,加之雌雄异株,结实量非常少。又因为三尖杉的野生植株被过度砍伐,野生资源数量急剧减少,已处于渐危状态。所以,在加强开发新药资源的同时,要十分重视植物药源地的保护与可持续发展。除优化栽培技术外,由于三尖杉多混生于常绿阔叶林中,因此保护各地现存的常绿阔叶林也是一种保护三尖杉的有效措施。

治疗心血管疾病也是当今医学界的一个重点课题。西药虽然在疾病治疗中有显著疗效,但是也带有损害健康的副作用。尤其是治疗高血压、冠心病等心血管相关病症的药物,很多西药种类的副作用对人体健康有极大伤害。随着人们健康意识的提高,以天然植物为原料的药物越来越受到研究者的重视。近几年,从植物中提取天然药用成分已成为药用植物研究的热点,并且取得了很多优秀的成果。木本药用植物中,有很多化合物都对治疗心血管疾病具有显著疗效。在这方面研究比较深入的植物有银杏、核桃、桑、山楂、槐、中国沙棘、降真香、吴茱萸、海芒果等。银杏隶属银杏科的银杏属,药用成分为银杏黄酮醇甙和银杏内酯,主要存在于银杏叶中。经常服用银杏叶制品,可以有效增加脑血流量,扩张冠状动脉,降低血清胆固醇。还可预防和治疗冠状动脉硬化、心绞痛等疾病。

木本植物中,可用于治疗各种炎症的植物非常多,包含了很多科、属、种的植物,常见的有:木兰科的玉兰、望春玉兰,金缕梅科的枫香树,桑科的构树、无花果、榕树,桦木科的栗树、白桦树,梧桐科的胖大海,木棉科的木棉,红木科的红木,柽柳科的柽柳,杨柳科的垂柳、毛白杨、旱柳,柿树科的君迁子,蔷薇科的山杏、木瓜、枇杷,千屈菜科的紫薇,瑞香科的白木香,桃金娘科的柠檬桉、蓝桉、番石榴,使君子科的诃子,冬青科的枸骨,黄杨科的黄杨,大戟科的巴豆、白背叶、乌柏,无患子科的荔枝、无患子、文冠果,橄榄科的橄榄、乌榄,漆树科的黄栌,苦木科的鸦胆子、苦木,楝科的灰毛浆果楝、川楝、香椿,芸香科的酸橙、黎檬、柚、三叉苦、黄柏、枳,五加科的梅木、无梗五加,夹竹桃科的灯台树、鸡蛋花,茄科的木本曼陀罗,鞭草科的裸花紫珠、路边青、黄荆、杜荆,木樨科的女贞,玄参科的毛泡桐,紫葳科的梓树、木蝴蝶,忍冬科的接骨木等。

第二节　植物药的开发及发展现状

中药材保护和发展具有扎实的基础。党和国家一贯重视中药材的保护和发展。在各方面的共同努力下,中药材生产研究应用专业队伍初步建立,生产技术不断进步,标准体系逐步完善,市场监管不断加强,50 余种濒危野生中药材实现了种植养殖或替代,200 余种常用大宗中药材实现了规模化种植养殖,基本满足了中医药临床用药、中药产业和健康服务业快速发展的需要。中药材保护和发展具备有利条件。随着全民健康意识不断增强,食品药品安全特别是原料质量保障问题受到全社会的高度关注,中药材在中医药事业和健康服务业发展中的基础地位更加突出。大力推进生态文明建设及相关配套政策的实施,对中药材资源保护和绿色生产提出了新的更高要求。现代农业技术、生物技术、信息技术的快速发展和应用,为创新中药材生产和流通方式提供了有力的科技支撑。全面深化农村土地制度和集体林权制度改革,为中药材规模化生产、集约化经营创造了更大的发展空间。

中药材保护和发展仍然面临严峻挑战。一方面,由于土地资源减少、生态环境恶化,部分野生中药材资源流失、枯竭,中药材供应短缺的问题日益突出;另一方面,中药材生产技术相对落后,重产量、轻质量,滥用化肥、农药、生长调节剂现象较为普遍,导致中药材品质下降,影响中药质量和临床疗效,损害了中医药信誉。此外,中药材生产经营管理较为粗放,供需信息交流不畅,价格起伏幅度过大,也阻碍了中药产业的健康发展。中药材是中医药事业传承和发展的物质基础,是关系国计民生的战略性资源。保护和发展中药材,对于深化医药卫生体制改革、提高人民的健康水平、发展战略性新兴产业、增加农民收入、促进生态文明建设,具有十分重要的意义。我国为加强中药材保护、促进中药产业科学发展,按照国务院决策部署,制定了《中药材保护和发展规划(2015—2020年)》。

目前,植物药制剂已经有了三个发展阶段。第一阶段,是传统的丹、丸、膏、散。第二阶段,是以水醇法或醇水法为主的提取、粗处理技术与现代工业制剂技术相结合而制成中成药。第三阶段,是运用现代分离技术、检测技术精制化和定量化的现代植物药。我国的中草药发展,现在正处于第二和第三阶段共同发展的时期,大量的草药需要药理方面的理论支撑和技术方面的研究,责任十分艰巨。

第三节　发展构树药用价值的意义

一、有利于调整农业结构,增加农民收入

(一)国家构树发展政策及发展历程

2015年国务院扶贫办将构树扶贫列入精准扶贫十大工程之一,并决定在山西、内蒙古、吉林、安徽、河南、广西、重庆、四川、贵州、甘肃、宁夏等11个省(区、市)先行试点。构树扶贫是指我国政府通过多种方式,在全国适合开展构树种植的地区引导和扶持当地农民种

植构树、增收致富。构树扶贫工程由国务院扶贫办牵头，协调各产业部门，成立“杂交构树产业扶贫”项目组，中科院植物所沈世华研究员为项目专家之一。该工程采用中科院植物所杂交构树品种以及产业化技术，重点在全国贫困地区实施杂交构树“林—料—畜”一体化畜牧产业扶贫。

2015 年 9 月 29 日，全国首届构树扶贫工程推进会在贵州省务川县召开（见图 2-1）。国务院扶贫办、中科院植物所、10 个试点省、32 个试点县、10 个扶贫龙头企业等 150 余人参加会议。贵州为了在全省范围内推进构树产业，选取了 9 个县按石漠化治理与畜禽养殖相结合、饲用林建设和其他产品用林建设等 3 个方向进行试点，目前全省种植 8 000 余亩。采取了联户种植、集中代种、“公司 + 合作社 + 农户”、以奖代补与贷款贴息相结合等模式，在产业发展中充分考虑贫困农户的利益，通过主动参与和利益联接带动贫困农户脱贫致富。2015 年通过构树产业化扶贫工程带动农户 1 000 余户、5 000 余人，其中建档立卡贫困户 500 户，户均增收 10 000 余元。

图 2-1　2015 年 9 月 29 日全国首届构树扶贫工程推进会图片

2016 年 7 月 18 日,全国构树产业扶贫现场观摩会在湖南株洲隆重举行(见图 2-2)。来自国务院扶贫办、中国林业科学院、地方政府代表和全国构树育苗、种植、机械及饲料深加工、养殖领域的近 200 名企业代表与会,并进行了深入研讨。通过实地调研株洲桑泰生物科技有限公司的构树生产基地,观摩了构树从育苗、种植、机械化采收到烘干、粉碎、发酵制料的全产业化操作流程。为地方政府、企业和有志于构树产业扶贫事业的人士提供构树产业交流平台,进一步促进构树扶贫的产业链建设,为更多想从事构树产业种植的企业家提供了丰富的知识和实战经验。此次活动得到国务院扶贫办、地方政府领导和企业负责人的重视与肯定。活动当天,“中国扶贫产业联盟构树扶贫委员会”宣布成立,联盟领导为构树扶贫相关专家颁发证书,并为构树扶贫示范基地授牌。

图 2-2　2016 年 7 月 18 日,全国构树产业扶贫现场观摩会

2018 年 6 月 23 ~ 24 日,全国构树扶贫工程现场会在焦裕禄精神发祥地兰考举行(见图 2-3)。参加现场会的有国务院扶贫办主任刘永富、河南省副省长武国定、中国科学院院士匡廷云、国务院扶贫办副主任洪天云，中科院、中国农业大学的专家学者，云南、浙江、新疆、西藏等26个省(区)的扶贫干部和企业家代表，以及构树产业发展较好的县、乡镇、企业、合作社代表共计500余人参加了现场观摩。国家扶贫办领导及专家学者对构树产业发展的前景及兰考生态饲草站取得的成绩给予了高度赞扬和肯定。在兰考，与会人员来到构树组培中心、构树炼苗基地、养殖示范小区、构树种植基地和饲草站交易平台等地观摩，并召开座谈会，打开话匣子，交流构树扶贫心得。

图2-3　2018年6月23~24日，全国构树扶贫工程现场会

国务院扶贫办主任刘永富在会上对构树产业发展提出新要求：一是要认真总结构树扶贫试点工作经验，构树扶贫工作从2014年开始，三年多时间，全国种植面积从14 700亩发展到如今的30多万亩。在过去三年时间里，国务院扶贫办推广了杂交构树这个新品种，创新了杂交构树种植采收的新技术，开发了杂交构树饲料的新产品，进行了构树试种模式的新探索，研究了多种带贫新办法，取得了显著

的阶段性成效。

2018年7月11日国务院扶贫办为贯彻落实《中共中央、国务院关于打赢脱贫攻坚战的决定》和《中共中央、国务院关于打赢脱贫攻坚战三年行动的指导意见》精神，促进贫困地区农业供给侧改革，培育适宜贫困地区发展的特色产业，推动构树扶贫工程落地见效。近年来，部分省份在杂交构树全产业链发展及带贫减贫机制等方面进行了积极探索，取得了显著成效。在总结地方试点经验的基础上，为进一步指导和规范各地构树扶贫产业发展，发布了《国务院扶贫办关于扩大构树扶贫试点工作的指导意见》，在指导意见中提出了总体要求，工作内容、支持政策和工作要求。这将对今后构树扶贫工程的发展产生积极的引导作用。

（二）构树产业扶贫示范

兰考县自2015年被国务院扶贫办确定为首批构树扶贫工程试点县以来，将构树扶贫与发展畜牧业相结合，已形成了组培育苗、科学种植、饲料加工、特色养殖、食品加工等闭合的生态环保的构树全产业链。兰考杂交构树种植面积已达1.4万亩，年产1.6亿株的构树组培中心已建成，国家级构树工程研究中心已落户兰考。兰考鼓励贫困户参加构树扶贫合作社，从事构树种植，统一供苗、统一技术服务、统一生产标准、统一回收，按每吨不低于500元的订单保护价收购，确保贫困户的收益。按照每30亩构树带动1人就业的标准，优先安排贫困户就业，每人每月工资不低于2 400元。兰考构树种植已带动5 600余户贫困户、1.8万人稳定增收。兰考将构树种植与发展畜牧业相结合，形成了鸡、鸭、牛、羊、驴养殖和饲草种植的“5+1”模式，从打造完整产业链条、探索产业扶贫模式、出台发展引导政策、开展工程技术研发四个方面着手，为全国构树产业扶贫探路示范。到 2018 年年底,兰考杂交构树种植面积将达 5 万亩;到 2020 年将把 10 万亩黄河滩区建成河南最大的优质饲草发展示范基地。

由于兰考构树产业发展得好,2018 年全国构树扶贫工程现场会选在兰考举行。国务院扶贫办主任刘永富评价“兰考县构树扶贫工程呈现出产业化、规模化、现代化良好发展势头,要在全国推广兰考先进经验”。

兰考万亩构树产业园是按照国务院扶贫办“构树产业——新时期十大精准扶贫工程之一”的要求,按照构树产业集约化、标准化、规范化、科学化、机械化规划的原则,由国银生态产业集团旗下的河南国银农牧发展有限公司投资建设。在构树产业扶贫方面,国银农牧闯出了自己的扶贫、带贫模式(见图 2-4)。该公司按照每 30 亩种植面积帮扶一个建档立卡且无劳动能力的贫困户的方式,每年给予建档立卡且无劳动能力的贫困户 3 600 元的资金帮扶,2018 年完成

图 2-4　国银农牧的扶贫、带贫模式

50 000 亩种植面积后,预计可帮助 1 650 户建档立卡贫困户。该公司还优先使用有劳动能力的贫困户参与到园区的建设中来,在园区的种植、管护、饲料加工等中下游环节中使用的贫困户每人月工资 3 000 ~4 000 元。

2017 年 10 月 10 日,兰考县人民政府发布了《兰考县人民政府关于印发兰考县杂交构树种植奖补办法的通知》。对单个市场主体在黄河滩区内连片种植杂交构树 1 000 亩(县内其他地方连片种植 500 亩)以上,且当年保苗率达到 90% 以上,第二年保存面积不减少的,由县政府予以三项补助:一是土地流转补助。对企业、专业合作社、家庭农场等市场主体发展杂交构树种植的土地流转费用,每亩补助 200 元,连补三年。二是种苗补助。每亩 2 000 元,分三年补助。第一年 1 000 元/亩,第二年 500 元/亩,第三年 500 元/亩。三是大型农机具补助。对购置大型农机具的予以 40% 的奖补。对杂交构树种植进行保护价收购。引进社会保险、商业保险,采取“政府+保险”模式,设立杂交构树发展基金,对构树种植实行保护价收购,每亩不低于 500 元,县内畜牧养殖企业购买杂交构树进行养殖的,给予每吨 50 元补助。对杂交构树种植基地建设区域积极争取项目支持,安排涉农项目整合资金配套相应的基础设施。创新构树产业融资模式。由政府引导设立兰考县构树产业发展基金,支持金融机构开发构树产业信贷产品,为兰考构树产业发展提供多渠道的金融支持。引导、鼓励农村集体经济组织通过土地流转、土地入股、土地托管等方式发展杂交构树种植产业项目,优先享受构树种植奖补政策。

二、有利于改善生态环境

在生态环境效益方面,构树为强阳性树种,具有速生、适应性强、分布广、易繁殖、热量高、轮伐期短的特点。其根系浅，侧根分布很广，生长快，萌芽力和分蘖力强，耐修剪。抗污染性强，适应性强，耐旱、耐瘠。常野生或栽于村庄附近的荒地、田园及沟旁。能抗二氧化硫、氟化氢和氯气等有毒气体，可作为荒滩、偏僻地带及污染严重的工厂的绿化树种，具有极强的吸附二氧化硫的作用，极强的滞留烟尘的作用，会减少酸雨的生成和腐蚀。构树一次种植，长期利用，尤其适合用作矿区及荒山坡地绿化，亦可选作庭荫树及防护林用。在解决"三农"问题的同时，可实现经济效益、生态效益和社会效益的统一。

第四节　构树药用化学成分及应用

构树的药用价值史载自《名医别录》，列为中药上品。构树的乳液、叶、果实、种子、根皮、树皮具有较高的药用价值。现代药理研究表明，构树中的黄酮类、酚类等化合物，具有抗菌、免疫调节、抗癌等作用，是主要的药用成分。

一、构树的药用价值

（一）叶片的药用价值及有效成分分析

构树的叶又称楮叶，构树叶能治"刺风身痒"；吃嫩叶可以"去四肢风痹、赤白下痢"；把叶子炒熟，研成细末，和面，做饼吃，可以"主治水痢"。李时珍《本草纲目》上记载，楮叶的治疗功效有以下几种：利小便、祛风湿、治肿胀、治白浊、去疝气、治癣疮。此外，用楮叶做的软膏可防治皮肤病，疗效显著。

对真菌的抑制作用方面，崔璨（2009）等用试管药基法，在较低温度下用不同溶剂制备成药液，对 10 种致病真菌的抗菌性进行研究。结果显示,构树叶的提取物对真菌抑制作用明显而稳定。黄一平(2006)采用试管药基法进行了楮叶的乙醇提取物、石油醚提取部位、醋酸乙酯提取物、残留水液、正丁醇提取部位对临床常见的4属6种皮肤癣菌和白念球菌的抑菌作用进行研究。结果显示,这5种提取物平均抑菌浓度为$(2.68 \sim 6.67) \times 10^{-2}$ g/mL,以75%乙醇提取物抗菌作用最强。熊伟(2008,2009)等将构树叶干燥粉碎后,用不同浓度的乙醇,在不同温度下进行浸提后,收集浸提液后脱脂,得到总黄酮提取物。经药理试验证明,这种构树黄酮提取物具有抑菌和抗炎的药理作用。

在抗氧化作用方面,王亭(2005)等提取了构树叶总黄酮,将其加入人角质细胞培养基上,结果显示,随着UVA剂量的增加,对细胞活性的抑制逐渐增强,将不同浓度的总黄酮加入96孔板中再次接受UVA照射,细胞活性显著升高,MDA含量降低,SOD活力升高,GSH－Px活力也有显著的提高。贾东辉(2006)等对构树叶提取物中含有的黄酮成分进行定性分析和定量测定,结果显示,每1 kg构叶提取物中的黄酮类含量为273 mg,其提取物具有一定的抗氧化性,且随着浓度的升高,抗氧化性增强。

在抗前列腺炎作用方面,陈随清(2006)用甲醛－巴豆油注入大鼠前列腺部复制了大鼠前列腺炎的模型。再将构树叶的乙醇提取部位、乙醚提取部位、水提取部位作用于该大鼠前列腺炎的模型,检测大鼠是外周血白细胞数并进行大鼠前列腺的病理切片。试验可见,3个不同的部位均对前列腺炎有抑制作用,从外周血白细胞数可见乙醇部位大剂量组、乙醚小剂量组较阳性对照更显著。从该模型大鼠前列腺病理切片可见乙醇部位大剂量组疗效好,可推测构树叶的乙醇提取部位是治疗前列腺炎的活性成分。

在降压作用方面,高允生(1988)等利用构树叶的乙醇提取物BPAE和BPF,进行了家兔、豚鼠离体心房面灌流试验,发现BPAE和BPF对家兔、豚鼠心房具有明显的抑制作用,BPF的效价强于BPAE,结果发现,不同剂量$CaCl_2$均明显增强2种心房标本的收缩力,增强作用与剂量呈正相关。BPAE与BPF对各剂量组的$CaCl_2$的作用均表现出明显的拮抗效应,随$CaCl_2$剂量增加,这种拮抗作用减弱。这说明构叶具有类似钙拮抗剂的作用,BPF是构叶抑制心房收缩力的主要成分。

在临床应用方面,卞美广(2003)等自制楮叶软膏,在门诊选取症状、体征典型真菌镜检阳性的病例,分为治疗组,用自制的楮叶软膏进行皮疹治疗,对照组用达克宁软膏进行皮疹治疗,经一周后2组患者同时复查,2周后同时评测疗效。对照组的有效率达80%,治疗组的有效率达76.67%并未见任何副作用。经临床研究可见,构树叶软膏治疗浅部真菌的疗效与达克宁相当。

在保健食品的开发方面,构树叶干燥粉碎后,经过黑曲霉菌和酵母菌发酵后,可使其中的蛋白质分解为多肽和氨基酸,这些产物可直接激活脂肪分解酶,加快体内多余脂肪的分解速率。达到降脂减肥、抗细胞氧化、抗衰老以及增强人体免疫力的功效。刘尚文等(2007)将构树叶粉与荷叶粉配伍制成具有保健功能的减肥胶囊。其将构树叶经过干晒、杀青、冷却、揉制后,分别与荷叶、决明子、金银花混合发酵制备成茶叶。王明奎等(2008)以构树叶、根、皮为原料,经水和含水醇溶液提取,并经阳离子交换树脂吸附有效成分后,依次用水、氨水、醇溶液洗脱,浓缩干燥后得生物碱。这种生物碱可制备成具有防糖尿病、肥胖、病毒感冒等功效的保健食品和药物。

(二)果实的药用价值及有效成分分析

构树的果实称为楮实子,含有多种氨基酸、矿物质元素和类黄酮等物质，具有滋肾、清肝、明目，治虚劳、目晕、目翳、水气浮肿，抗氧化、缓解疲劳、提高人体免疫力等效果。

研究发现，楮实子具有促进学习、改善记忆作用，对小鼠的试验研究结果显示，楮实子对正常小鼠的空间辨别学习、记忆获得有促进作用，可拮抗东莨菪碱造成的记忆获得障碍，改善氯霉素和亚硝酸钠造成的记忆巩固不良，改善 30% 乙醇引起的记忆再现缺损，并对亚硝酸钠重度缺氧有明显的改善作用。

在抗氧化作用方面，近年来研究发现，楮实子油及楮实子黄酮成分有显著的抗氧化和清除、抑制氧自由基的作用，吴兰芳等(2010)将楮实子用 80% 乙醇回流提取，干燥后得到楮实粗多糖。运用羟基自由体系、二苯代苦味基肼和对 Fe^{3+} 的还原能力试验比较楮实各提取物的抗氧化活性，试验发现总醇提取物对 OH 自由基的清除能力最强，乙酸乙酯提取物对 DPPH 自由基的清除效果最好，对 Fe^{3+} 的还原能力也最强。庞素秋等(2006)将楮实子用石油醚超声脱脂后，用 75% 乙醇加热回流提取，减压浓缩得流浸膏，经大孔吸附树脂柱反相硅胶柱得到楮实红色素(FBH)。对其进行体外抗氧化试验发现，FBH 能显著清除超氧阴离子及羟自由基，抑制 H_2O_2，诱导小鼠红细胞溶血和肝匀浆自氧化，对线粒体有保护作用。

在抗肿瘤作用方面，庞素秋等(2006)首次从楮实子中分离得到 5 种生物碱并制成药液，进一步探讨了其抗肿瘤活性成分，通过 MTT 及集落形成法考察所提生物碱对人宫颈鳞癌细胞、人肝癌细胞株、人生骨肉瘤细胞系、人胰腺癌细胞株、人黑色素瘤细胞株的细胞毒作用。当楮实子生物碱药液质量浓度在 10 μg/L 以下时，对各种瘤细胞的抑制作用不明显；当药物浓度升至 50 μg/L 时，分别用 MTT 法、集落法测得抑制率为 20%、30% 以上；当药物浓度升至 100 μg/L

时,2 种方法测得抑制率为 50%、60% 以上。发现楮实子总生物碱对 5 种肿瘤细胞生长有抑制作用,为开发抗肿瘤新药提供了重要依据。

在增强免疫作用方面,研究者将楮实子 6 倍量沸水煎煮每次 0.5 h,共 3 次合并提取液,水浴浓缩成 1 g/mL,将药液用于环磷酰胺制备小鼠免疫低下模型进行体内试验发现,楮实子显著提高免疫抑制小鼠的碳粒廓清率和血清溶血素生成水平。将药液用于体外培养的小鼠腹腔巨噬细胞进行其活性检测,发现楮实子对淋巴细胞的增殖无显著促进作用,提示体内外试验存在差异性,体外试验结果不能完全代表体内试验。

在临床应用方面,楮实子被用于治疗阿尔兹海默症。研究者选取临床上典型的阿尔兹海默症患者 136 例,测定过氧化脂质(LPO)、超氧化物歧化酶(SOD)、总胆固醇(TC)、甘油三酯(TG)和高密度脂蛋白(HDL)的含量后将病人分为 3 组,即对照组、楮实子组、脑复康组。将楮实子制成 1 g/mL 的生药溶液。用药 60 d 后,楮实子组中 LPO 水平明显降低,SOD 水平明显升高。楮实子组用药后与对照组和脑复康组以及自身用药前比较,均使血中 TC、TG 水平明显降低,HDL 水平明显升高。可见,楮实子可间接通过提高血中 HDL 水平和体内 SOD 活性来消灭体内过多的 LPO,从而降低血中 TC 和 TG 的水平,使阿尔兹海默症患者病情得到缓解。

在抗肝炎临床治疗上,陈宏等(2000)用含有楮实子为主的中药配方治疗乙肝,可使乙肝表面抗原、乙肝 e 抗原、HBV - DNA 均转阴,并且长期服用可以保肝,防止再次复发。周岳君等用含有楮实子的中药制剂肝舒胶囊治疗慢性丙型肝炎。丙氨酸转氨酶有明显改善。胡丽娅(1999)等用含楮实子、泽兰等的兰豆枫楮汤治疗肝硬化腹水 36 例,一个疗程(半个月)后,治愈 13 例,有效 18 例,两个疗程后,无效者仅 3 例。

在眼科疾病的治疗上,以楮实子为主药制成的“陈氏驻景丸”取其补养肝肾的功效,治疗中心性视网膜炎,效果满意,治疗者多例均恢复正常。用楮实子、当归、生黄芪、金银花配置的中药治疗肝肾不足、视物昏朦型角膜炎有较好的效果。

在不孕不育治疗上,陈晓明等(2010)发现,以丹参、熟地、赤白芍、怀山药、山萸肉加减楮实子制成的补肾促排卵汤能够促进不孕妇女排卵。陈金娇(2000)用知母、黄柏、连翘、楮实子等治疗男性生殖系统感染性不育。方中重发现淫羊藿、菟丝子、楮实子具有生精益肾功效,治疗 32 例,治愈 16 例,总有效率为 89%。

(三)根的药用价值及有效成分分析

在抗血小板凝聚作用方面,构树根皮的提取物被发现具有抗血小板形成的活性作用,而其中起药效作用的主要是黄酮类和生物碱类 2 大类活性物质 。Lin Chun－nan 等(1996)从构树根皮中分离得到黄酮化合物,并与人富集血小板的血浆和野兔血小板制成悬浮液,发现 brousochalcone A,broussoaruone A,kazinol A,broussflavonol F 能强烈抑制由花生四烯酸引起的血小板凝聚。前 3 种黄酮化合物还对胶原质引起的血小板凝聚有强烈的抑制作用。brousochalcone A 对凝血酶引起的血小板凝聚同样有很强的抑制作用。

在抑制芳香化酶作用方面,从构树根皮中分析得到具有抑制芳香化酶作用的化合物,其具有治疗乳腺癌、前列腺癌的作用。现在对乳癌的内分泌治疗最活跃的部分就是芳香酶抑制剂,这是一类与芳香化酶结合,使其失去活性,使雄激素无法转化为雌激素,通过切断妇女雌激素的来源而起到治疗作用。Dongho lee 等(2001)从构树中用乙酸乙酯萃取得到了抑制芳香化酶作用的化合物,broussonin A、

5,7,2,4 – tetrahydroxy – 3 – geranylflavone、isogemichacone、3 – [γ – hydroxymethyl – (E) – γ – methylally] – 2, 4, 2 ', 4 ' – tetrahydroxychalcone – 11 ' – O – coumarate、2S – 2 ',4 ' – dihydroxy – 2'' – (1 – hydroxy – 1 – methyllethyl) dihydrofuro [2, 3 – H] flavanone 和 demethyl moracin 具有不同程度的抑制芳香化酶活性的作用,提示该类化合物可以治疗乳癌。构树提取液中的查耳酮类,不仅有抗氧化作用,还可以抑制肿瘤因子 NF – KB 的活性。

在抑制类脂氧化和血管平滑肌增殖作用方面,Horng – Huey Ko. 等(1997)发现,从健康的构树根皮中分离得到的 Broussoaurone A、Broussoflavan A、Broussflavonol C 和 G 具有强烈的抑制 Fe^{2+} 引起的小鼠脑匀浆类脂氧化作用,其中 Broussoflavan A、Broussflavonol G 和 Broussflavonol C 还能抑制小鼠血管平滑肌增殖,这些作用强度随化合物浓度的增大而增大,显示这些化合物具有治疗动脉粥样硬化和心血管疾病的作用。

在抗氧化作用方面,从健康构树的根皮中分离得到的 Broussochalcone A 具有多方面清除自由基的能力,在 dipheny 1 – 2 – picrylhy drazyl 化验体系中清除自由基的能力比维生素 E 还要强;具有抑制铁引起的鼠脑匀浆油脂过氧化的能力,这种作用随着其浓度的增大而加强。它还具有抑制 NO 生成的能力(活性脂多糖巨噬细胞中 IC_{50} = 11.3 μm),研究发现,这种能力不是由于它能够直接抑制可诱导 NO 合成的酶的作用,而是通过抑制 I_kB_a 的磷酸化歧化酶和过氧化歧化酶活性,这说明构树果汁具有一定的抗脂质过氧化能力。

在抑制酪氨酸酶作用方面,决定皮肤色调的主要因素是皮肤内的黑色素,肤色的深浅主要取决于黑色素细胞的量及细胞合成黑色素的能力,如果在化妆品中添加能抑制酪氨酸酶的活性物质,就能达到美白肌肤的作用。Jang Dong 等(1997)从构树根皮中分离出一种可以抑制酪氨酸酶的活性物质 5 - [3 - 2,4 - dihydroxyphenyl) propyl] -3,4 - bis (3' - methyl) -1,2 - benzenediol,这为美白肌肤提供了可能,也为进一步开发利用提供了空间。刘新民(2000)也提取出一种属于供氢体、供电子体,具有还原剂性质及抗氧化性质的物质,并做了皮肤刺激性试验、眼睛刺激性试验、皮肤致敏性和人群试用试验,结果证明构树根皮提取物不失为一种得到我国化妆品界同行们开发利用的化妆品皮肤脱色组分。

在抗菌作用方面,研究发现,从受伤的或注射过镰孢霉菌的构树根皮中分离出的物质可以较好地抵抗 Fusarium 菌的作用,这些物质在较低浓度时就能抑制细菌萌芽,被称为植物抗毒素。这为植物保护方面提供了一个新途径,并可能发展成为新药物。

在治疗乳腺癌方面,赵成春等(1997)用构树根皮治疗乳腺增生效果显著,愈后无复发,且无任何毒副作用。

(四)乳汁的药用价值

构树乳汁呈乳白色,pH 值为 5.8 ~6.2,其定性测定表明,除水外,含有 10 余种次生代谢产物或生理活性成分,且乳汁可抗真菌、杀虫等,最普通的用途是用作浆糊,黏性很好,可治脚气病、黄水疮及牛皮癣等。

Ⅱ型糖尿病的主要表现是严重的胰岛素抵抗和胰岛素受体信号受损,蛋白酪氨酸磷酸酶(PTP)活性的增高可能是它的一个致病因素,研究结果证实,PTP1B 功能缺失小鼠对胰岛素的敏感性增高,并对肥胖症具有抵抗性,故 PTP1B 特异性抑制剂的使用有望提高胰岛素的敏感性,有效地治疗Ⅱ型糖尿病胰岛素抵抗和肥胖症。中科院上海药物研究所的 R. M. Rong、Min Chen 等(2002)从构树汁中分离得到的 Broussochalcone A、Uralenol、3，3’，4’，5，7 - pentahydroxyflavone 和8 -（1，1 - dimethylally）- 5’-（3 - methyl - 2 - butenyl）- 3’，4’，5，7 - tetrahydroxyflavonol 对 PTP1B 有抑制作用，这个发现，对开发具有治疗Ⅱ型糖尿病的新药提供了参考。

在农业应用方面，用构树叶汁制的农药，可以防治像棉蚜虫、星瓢虫幼虫和豆蚜，叶汁煮液也可抑制霜霉病，这在农业生产上具有深远意义。

二、不同性别、年龄条件下的构树根皮药用价值比较

构树在我国分布广泛，有学者对构树根皮进行了研究，从中分离出大量的黄酮类和二苯丙烷类化合物，但国内对构树的化学成分研究较少，为了对其进行更好的开发利用，以对其质量控制研究作为基础，科学家研究测定了不同性别、年龄的构树根中 5 种化学成分含量，为更好地了解构树根中的化学成分以及确定采摘时间奠定基础。结果如下。

从图 2-5、图 2-6 可以看出，1 年生、3 年生与 5 年生构树根中槲皮素、刺囊酸含量差异显著。随着年龄的增长，构树的槲皮素、刺囊酸含量呈上升趋势，其中最低的为 1 年生雌株，最高的为 5 年生雌株。5 年生雌雄株之间刺囊酸含量差异不显著。

从图 2-7 中可以看出，1 年生、3 年生、5 年生雌雄构树根中的总多糖含量呈显著差异。其中 1 年生构树根中总多糖含量最低，3 年生构树比 5 年生构树根中总多糖含量高，而雄株比雌株总多糖含量高，最高的为 3 年生雄株，根中总多糖含量达到了 77.42 mg/g，最低的为 1 年生雄株，只有 3.09 mg/g。

总多酚含量在 4 个样本中总体来说差异不显著，但 5 年生雌株

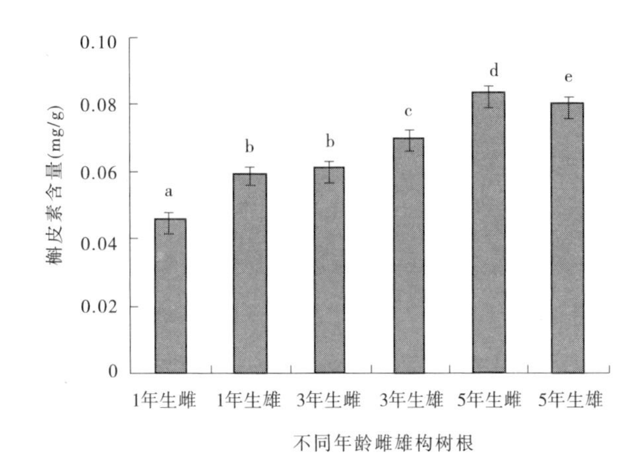

图 2-5　不同年龄两种性别构根中槲皮素含量比较

注:图中不同字母表示不同品种间差异显著($P<0.05$),下同。

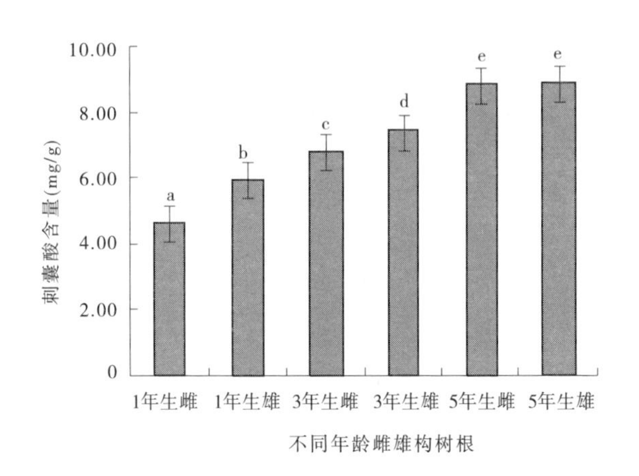

图 2-6　不同年龄两种性别构根中刺囊酸含量比较

根中的总多酚含量较高(见图 2-8)。

1 年生构树根与 3 年生、5 年生构树相比,根中总黄酮含量差异显著,3 年生构树与 5 年生构树根中总黄酮含量差异不显著(见

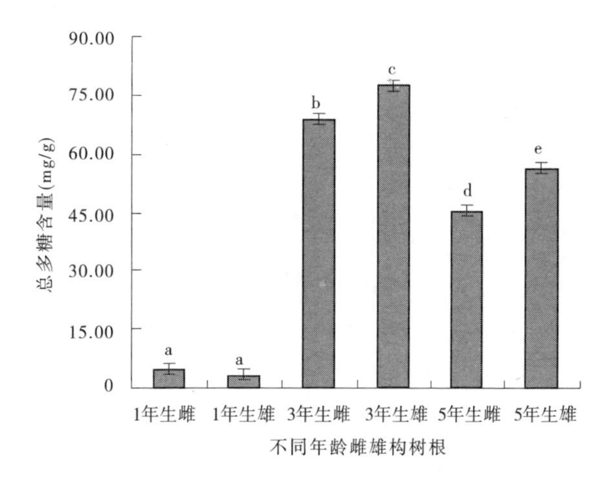

图 2-7　不同年龄两种性别构树根中总多糖含量比较

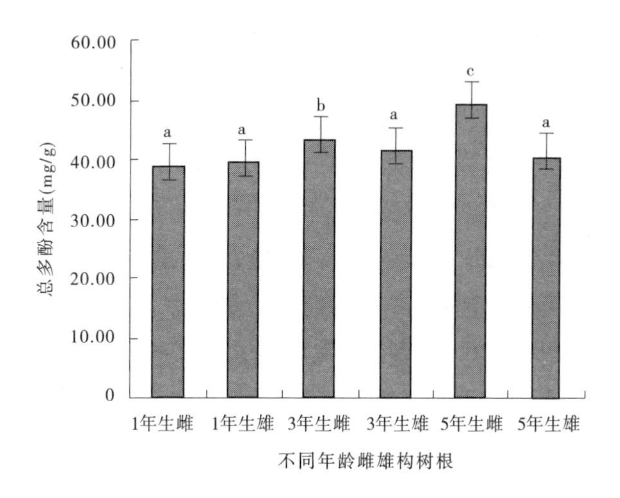

图 2-8　不同年龄两种性别构树根中总多酚含量比较

图 2-9)。

雌雄异株的性系统在木本植物中普遍存在,关于雌雄差异已有很多研究,在生理学方面,正常条件下一些植物的雌雄株无显著差

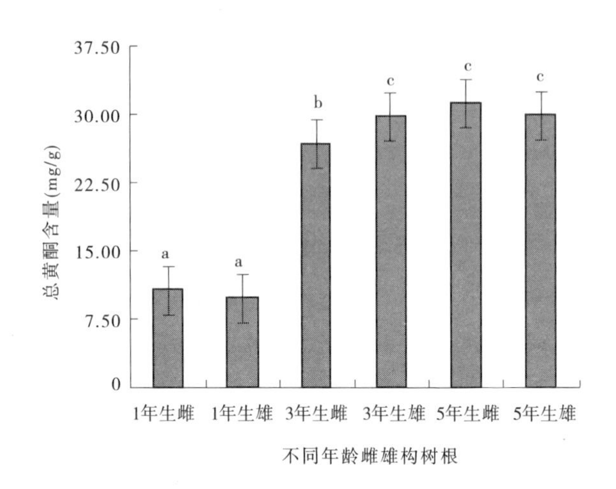

图 2-9　不同年龄两种性别构树根中总黄酮含量比较

异,但在化学防御方面,雌株的酚类等物质含量高、叶片韧性值大,对病虫害的防御能力强。该研究中,1 年生构树根中的总多酚含量在雌雄中差异不显著,但在 3 年生和 5 年生构树根中,其含量在雌雄之间差异显著,雌株根中的总多酚含量高于雄株。

槲皮素是一种天然的黄酮类化合物,具有扩张冠状动脉、降血脂、抗炎、抗过敏、抗糖尿病并发症等多种药理作用,研究表明其还具有预防多种癌症的功能。刺囊酸具有治疗胃肠道疾病和消炎杀菌作用。在该研究中,构树根中的槲皮素、刺囊酸含量随构树年龄的增长呈上升的趋势,雄株比雌株中的含量稍高。

综上所述,年龄越大的构树根药用价值越高,对于槲皮素和刺囊酸含量来说,雄株的药用价值比雌株稍高,对于整体化学内含物含量来说,雌株与雄株差异不显著。

三、不同品种及构树各器官的药用价值比较

构树是一个变异性很大的树种,从叶片被毛、叶裂深浅、树皮颜

色、树干形态等皆不尽相同。研究表明，不同产地构树叶中总黄酮含量存在很大的差异，含量最高的与最低的相差6倍。不同构树品种间的化学物质含量是否有差异、差异是否明显等研究尚未见报道。为深入了解构树的化学成分及不同品种之间的差异，研究者以目前通过林业部门认定或审定的三个构树品种'白皮'构树、'红皮'构树、'杂交'构树和对照为试验材料，测定了其叶、茎、根中9种化学成分含量，为了解构树根中的化学成分以及更好地对其进行开发利用奠定基础。

通过对构树的叶、茎、根中牡荆素、异牡荆苷、大波斯菊苷、木樨草苷、木樨草素和芹菜素的测定，发现无法测得构树的茎、根中牡荆素和大波斯菊苷的含量，而叶片中上述两种单体化合物的成分可以测得（见图2-10～图2-12）。

从图2-10可以看出，牡荆素和异牡荆苷的含量在四个不同品种构树叶片中差异显著。该两种单体成分在'红皮'构树叶片中的含

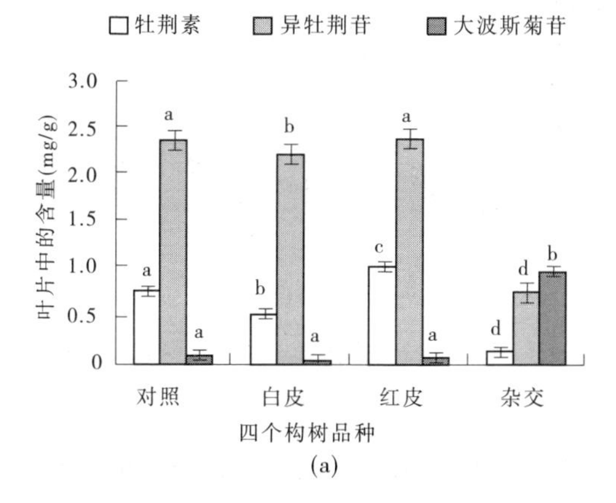

图2-10　四个品种构树叶中6种单体含量比较

注：不同字母表示同一单体化合物在不同品种中具有显著差异（$P<0.05$）。下同。

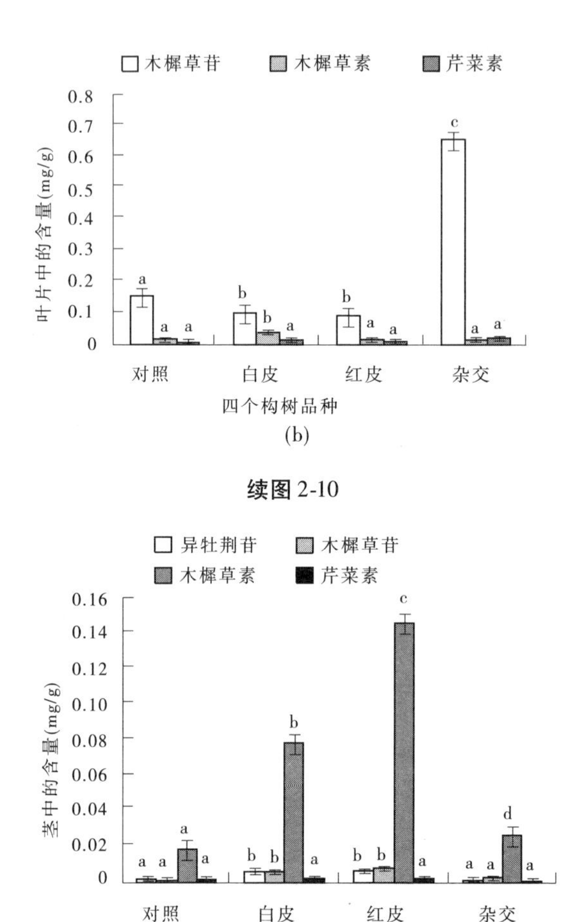

续图 2-10

图 2-11　四个品种构树茎中 4 种单体含量比较

量最高，牡荆素达到了 1.038 mg/g，异牡荆苷达到了 2.392 mg/g；在‘杂交’构树叶中的含量最低，牡荆素为 0.134 mg/g，异牡荆苷达到了 0.771 mg/g。大波斯菊苷的含量在对照、‘白皮’构树、‘红皮’构树叶中差异不显著，在‘杂交’构树叶中含量最高，为 0.993 mg/g。

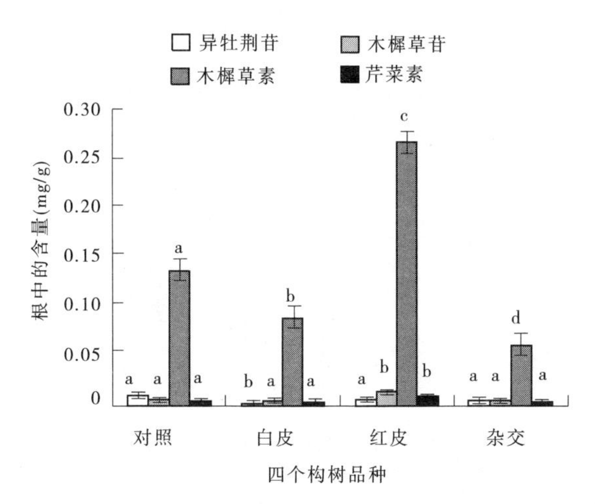

图 2-12　四个品种构树根中 4 种单体含量比较

木樨草苷含量在‘白皮’构树和‘红皮’构树叶中差异不显著,四个品种该单体成分含量最高的是‘杂交’构树,为 0.659 mg/g。木樨草素和芹菜素的含量在四个品种中差异均不显著,含量相对于其他单体化合物来说较低,木樨草素的平均值为 0.022 mg/g,芹菜素的平均值为 0.014 mg/g。

从图 2-11、图 2-12 可以看出,在构树茎和根中测得的 4 个单体化合物中,木樨草素的含量在四个品种构树中差异显著,在‘红皮’构树的根中含量最高,为 0.266 mg/g;其次为‘红皮’构树茎中,为 0.146 mg/g;在对照构树茎中含量最低,仅为 0.018 mg/g。

通过对四个不同品种构树的叶、茎、根中总多糖、总多酚、总黄酮的含量测定分析(见图 2-13),可以看出构树根中的总多糖含量高于叶和茎,在四个品种中差异显著。‘杂交’构树根中的总多糖含量最高,为 75.506 mg/g。总多酚在叶和根中的含量较高,茎中较少,在四个品种中差异显著。其中在对照构树叶片中含量最多,为 18.27

mg/g,但在其茎中含量最少,仅为4.408 mg/g。总黄酮同样在叶和根中的含量较高,在茎中较少,在四个品种中差异显著。其中'红皮'构树的叶片中含量最高,为43.98 mg/g,在'杂交'构树茎中最少。

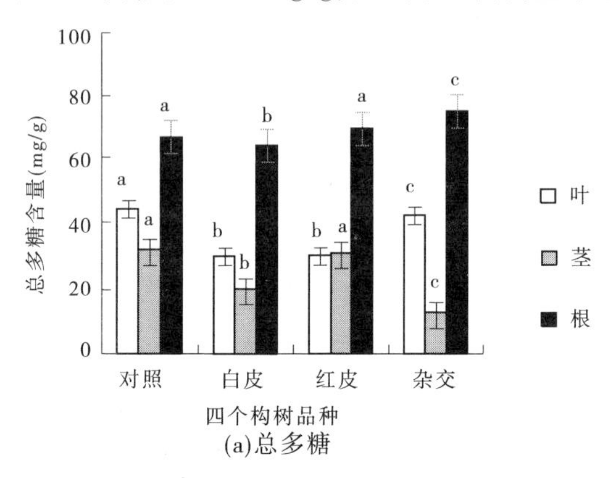

(a)总多糖

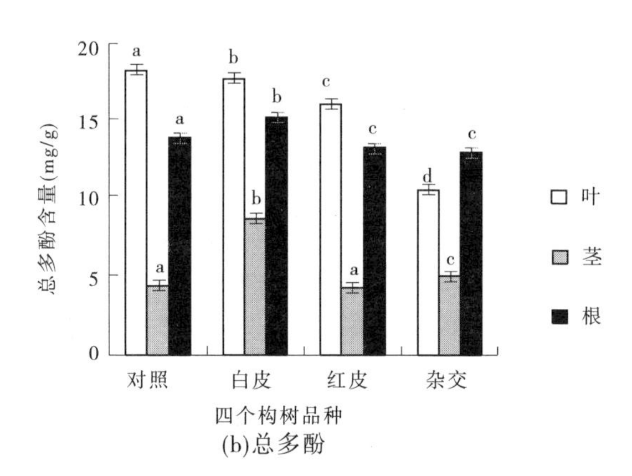

(b)总多酚

图2-13　四个品种构树叶、茎、根中总多糖、总多酚、总黄酮含量比较

注:不同字母表示相同器官中的化学成分在不同品种中具有显著差异($P<0.05$)。

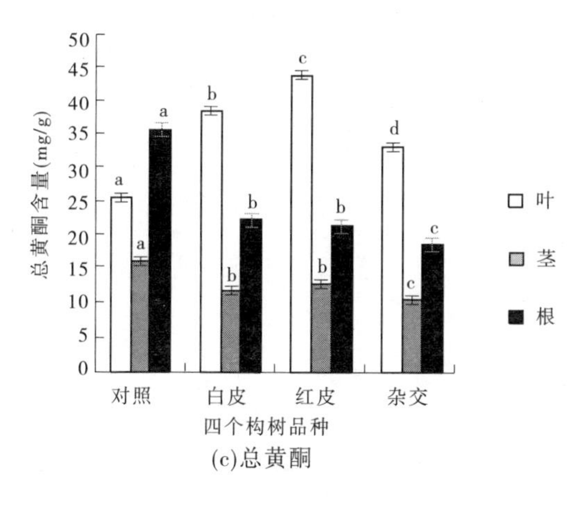

(c)总黄酮

续图 2-13

通过方差分析,得到异牡荆苷、木樨草苷、木樨草素、总多糖、总多酚、总黄酮6种测定物含量在四个构树品种中皆呈显著性差异(见表2-1)。因此,可以用模糊数学中的隶属函数法对测定物含量高低进行综合分析。6种测定物含量指标与构树中总化学成分含量皆呈正相关。因此,利用式(2-1)求得其隶属函数值,将每个品种的各项隶属函数值累加起来,用其平均值作为各构树品种不同器官的化学成分总含量高低的综合鉴定标准,值越大,含量越高。

$$U(X_i) = (X_i - X_{min})/(X_{max} - X_{min}) \tag{2-1}$$

结果显示,4个不同品种构树叶、茎、根中化学成分含量顺序为'红皮'叶>'白皮'叶>对照叶>'杂交'叶>'红皮'根>对照根>'白皮'根>'杂交'根>'红皮'茎>'白皮'茎>'杂交'茎>对照茎(见表2-1)。

表 2-1　四个构树品种叶、茎、根中化学成分含量综合评价

部位	品种	异牡荆苷	木樨草苷	木樨草素	总多糖	总多酚	总黄酮	平均数	排序
叶	对照	0.993	0.236	0.004	0.519	1.000	0.455	0.535	3
	白皮	0.932	0.152	0.092	0.282	0.961	0.839	0.543	2
	红皮	1.000	0.140	0.000	0.286	0.846	1.000	0.545	1
	杂交	0.322	1.000	0.000	0.486	0.450	0.681	0.490	4
茎	对照	0.000	0.000	0.010	0.317	0.009	0.171	0.084	12
	白皮	0.002	0.007	0.248	0.118	0.318	0.042	0.123	10
	红皮	0.002	0.010	0.519	0.298	0.000	0.071	0.150	9
	杂交	0.000	0.003	0.042	0.000	0.052	0.000	0.016	11
根	对照	0.004	0.008	0.483	0.874	0.688	0.759	0.469	6
	白皮	0.001	0.007	0.290	0.830	0.783	0.358	0.378	7
	红皮	0.002	0.019	1.000	0.914	0.640	0.330	0.484	5
	杂交	0.002	0.006	0.178	1.000	0.622	0.249	0.343	8

构树叶、果实、楮实子、树皮、根皮和乳汁均含有一定的生理活性物质，具有广泛的医药用途，该研究测定了构树叶、茎、根中牡荆素、异牡荆苷、大波斯菊苷、木樨草素、木樨草苷、芹菜素、总多糖、总多酚、总黄酮的含量，并对其进行了比较研究。牡荆素、异牡荆苷、大波斯菊苷、木樨草素、木樨草苷、芹菜素均为构树叶中已经确定测得的单体化合物。木樨草素、木樨草苷是一种天然黄酮类化合物，存在于多种植物中，具有多种药理活性，如消炎、抗过敏、降尿酸、抗肿瘤、抗菌、抗病毒等，能够在治疗心血管疾病、“肌萎缩性脊髓侧索硬化症”、SARS、肝炎等疾病中发挥积极作用。牡荆素能够活血化瘀、理

气通脉,异牡荆苷是一种抗肿瘤化合物。芹菜素是一种黄酮类化合物,广泛存在于多种水果和蔬菜中,具有抗肿瘤、抗氧化、抗炎等多种作用。大波斯菊苷具有较强的抑制肿瘤细胞的作用。通过该研究发现,构树的茎、根中牡荆素和大波斯菊含量无法测得,另外,与叶相比,茎和根中异牡荆苷、木樨草苷和芹菜素含量极低。叶片中总黄酮和总多酚的含量最高,其次为根,最后为茎。综合四种构树的叶、茎、根中 6 种差异显著的化学成分含量排序的总和,评价顺序为叶 > 根 > 茎。茎中化学成分含量最少的原因可能为,构树茎部木质化后,含有化学内含物的细胞变少,因此测定结果最小。

构树变异性很强,从直观上看,叶片有无毛、少毛和多毛;叶色有绿色、黄色、黄绿相间,甚至一株树上就有绿色叶、黄绿相间叶;叶缘锯齿深浅不一,差别很大;树干皮色就有赫色、红色、赫白相间色、近白色;株型就有直立型、丛生型等。构树不同品种之间同样存在着生理生化方面的差异。对构树四个不同品种中化学成分的测定研究可以看出,不同品种间化学成分差异明显,通过综合评价得到四个构树品种中,化学成分含量排序为‘红皮’ > ‘白皮’ > 对照 > ‘杂交’。

第五节　构树中已知的化合物及用途

迄今为止,已从构树的根、茎、树皮、叶和果实等部位分离得到黄酮类、木脂素类、萜类、生物碱和挥发油类等多种类型的化学成分。

一、黄酮类

目前,国内外学者已从该植物中分离得到已知的 56 个各种黄酮类和两个新的查耳酮类化合物 3,4 - Dihydroxyisolonchocarpin 和 4 - Hydroxyisoloncarpin,此外还有首次分离得到已知的黄烷类 Kazinol E

和芴酮类 Broussfluorenone A 和 Broussfluorenone B 等。其结构类型为黄烷、黄酮、黄酮醇、二氢黄酮、二氢黄酮醇、查耳酮、橙酮等 7 种类型,大多具有异戊烯基取代。

二、二苯丙烷类

目前国内外学者从构树中分离得到 10 个二苯丙烷类化合物。其名称及结构如下:Broussonin A、B、C、D、E、F,Kazinol F,1 –(2,'4 –'dihydroxy – phenyl) – 3 – (4 – '' hydroxyphenyl) propane、1 – (2,'4 –' dihydroxy – 3' – prenylphenyl) – 3 – (4 – '' hydroxyphenyl) propane,1 – (4 – ' hydroxy – 2 – ' methoxyphenyl) – 3 – (4 – '' hydroxy – 3'' – prenylphenyl) propane。

三、木脂素类

Mei 等从构树果实中分离得到 9 个新木脂素 chushizisins A ~ I 和已知的 3 个木脂素类化合物,threo – 1 – (4 – hydroxy – 3 – methoxyphenyl) – 2 – {4 – [(E) – 3 – hydroxy – 1 – propenyl] – 2 – methoxyphe – noxy} – 1,3 – propanediol,erythro – 1 – (4 – hydroxy – 3 – methoxyphenyl) – 2 – {4 – [(E) – 3 – hydro – xy – 1 – prope – nyl] – 2 – methoxyphenoxy} – 1, 3 – propanediol 和 3 – [2 – (4 – hydroxyphenyl) – 3 – hydroxyme thyl – 2,3 – dihy – dro – 1 – benzofuran – 5 – yl] pro – pan – 1 – ol。

四、萜类化合物

Ko 等在构树叶中分离三个新的二帖类化合物 Broussonetone A、B、C,Feng 等分离两个新的 megastigmane O – glucopyranosides 类倍半萜化合物,Lin 等研究报道构树的根中桦木醇和桦木酸的含量较高。

五、生物碱类

对于构树生物碱的研究并不多,其中以日本学者的研究较为深入。Shibano 等先后从小构树(Broussonetia kazinoki SIEB.)中分离得到吡咯烷类生物碱构树碱(broussonetine)A ~ Q,构树宁碱(broussonetinine)A 和 B。Tsukamoto 等从构树的枝条中分离得到构树碱 R、S、T、U、V 和构树碱 W、X、M1、U1、J1 和 J2,经结构鉴定均为吡咯烷类生物碱。

六、脂肪酸类和挥发油类

林文群等研究发现,构树种子成分以不饱和脂肪酸为主,总量为 90.69%,其中必需脂肪酸的含量为 85.42%。黄宝康等从楮实子中共分离鉴定了 17 个脂肪酸,主要有亚油酸、棕榈酸、硬脂酸等,其中不饱和脂肪酸占 80% 以上。

七、氨基酸及矿物质

构树果实中至少含有 16 种以上的氨基酸,其中 7 种为人体必需氨基酸。以 100 g 干燥样品计,楮实子总氨基酸含量合计为 12.44 g,其中人体必需氨基酸为 3.92 g(31.5%)。

此外,构树叶也含有粗蛋白质、粗脂肪和各种氨基酸等。构树种子中含有人体必需且具有重要药理活性的微量元素 Fe、Mn、Co、Zn 和 Mo 等。

第三章　构树造纸用

第一节　植物纤维造纸的原理和种类及特点

一、植物纤维造纸的原理

植物纤维原料中的纤维素、半纤维素和木质素主要存在于纤维细胞中,其中纤维素是纤维的骨骼物质,而木质素与半纤维素以包容物质的形式分散在纤维之中及其周围。以植物纤维为原料的制浆造纸过程,其基本原理是用化学、机械或兼用化学及机械的方法将植物原料中的纤维分离出来,再在浆、水混合的悬浮体中使纤维重新交织成均匀而致密的纸张。纤维的分离实质上是使纤维中所含木质素取得塑化或溶解的过程,而重新交织成纸张则是通过改变纤维中纤维素和半纤维素的成纸性质,提高其交织能力的过程。

二、造纸用植物纤维原料的种类

(一)按纤维原料的形态特征分类

目前,造纸工业中所应用的植物纤维原料种类繁多,根据原料的形态特征、来源及我国的习惯,可大体分为非木材纤维原料、半木材纤维原料和木材纤维原料。

非木材纤维原料是我国造纸中使用最多的原料,包括禾本科纤维原料、韧皮纤维原料、籽毛纤维原料和叶部纤维原料,禾本科纤维原料主要有竹子、芦苇、甘蔗渣、高粱秆、稻草等，韧皮纤维原料主要有树皮和麻类，籽毛纤维原料包括棉花、棉质破布等，叶部纤维原料包括香蕉叶、甘蔗叶等。半木材纤维原料主要指棉杆。

木材纤维原料包括针叶材原料和阔叶材原料，针叶材原料树种的材质一般比较松软，造纸行业用得最多的是云杉、冷杉、马尾松、落叶松等；阔叶材原料树种的材质较坚硬，造纸行业中所使用的仅是材质较松软的杨木、桦木、桉木、榉木等。

一般来说，针叶木纤维细长，阔叶木纤维相对较短，不同纸种有不同的要求，所以需要的纤维原料各不相同，长纤维造纸，一般强度较好，但是造纸上网之后可能存在分布不均，纸张匀度不良。阔叶木造纸，由于纤维较短，分布均匀，成纸的匀度好，但网部脱水可能不好，以至于后续的干燥所需蒸汽多，成本上升。压榨所需压力加大，增加了压榨部纸页压花的能性。所以，造纸中，用单一树种造纸的很少，一般都是几种纤维原料混合起来用，这样各自的优点就都得到了展现，达到质量最好、原料充分利用、能耗最低的效果。

只要是树木，只要含有纤维都能用于造纸。因此，选择造纸树木的标准主要看三点：①生长周期要短；②易于种植，而且附加价值高；③纤维含量高，而且树木质地不硬。

（二）按纤维原料类型不同分类

根据原材料（所用纤维原料类型）不同，纸浆主要分为木浆、废纸浆及其他纤维浆（稻麦草浆、竹浆、苇浆等）；而其中木浆根据制作工艺不同，又可以分为化学木浆、机械木浆及半化学木浆。

（三）按原料类型不同分类

现代造纸的原料有植物纤维（木材、竹、草类等）、矿物纤维（石棉、玻璃丝等）、其他纤维（尼龙，金属丝等），还有用石油裂解得到的高分子材料。目前用于书写、印刷、包装的纸仍以植物纤维为主要原料制成。

三、木材纤维原料造纸的优点

一是木材供应稳定、集中,适于大企业生产所需的原料;二是木材单位面积蓄积量大,纤维质量好,体积密集,便于运输、保存。

二是木材制浆得率高、杂质少,滤水性好、易洗涤,抄造性能好,成纸强度大,白度高;不仅大量用于质量好、档次高的印刷用纸、生活用纸和包装用纸板,而且广泛用于工业、农业、国防、通信、医疗卫生等领域技术含量高的纸种。

三是采用硫酸盐法制浆既可高水平回收化学药品,又可大量回收热能,从而形成良性循环,增加经济效益。

四是采用木材制浆,废液处理技术成熟可靠,黑液提取率与回收率高,水污染处理容易解决,有利于保护生态环境。

五是可以大面积营造人工速生丰产林、造纸定向专用林,有利于企业发展与生态平衡改善环境。

六是木材制浆造纸企业规模较大,适合采用先进工艺与大型高效装备,有利于提高企业生产率;营建纸浆材速生丰产林,有利于企业发展与生态平衡,改善环境,且木材供应稳定、集中,便于运输、保存,适于大型企业生产所需的原料。

第二节　几种常见的造纸原料树种

一、杨树

杨树(*Populus* L.)是杨属的植物,全属有约 100 多种,我国约 62

种(包括6杂交种),其中分布于中国的有57种,引入栽培的约4种,此外还有很多变种、变型和引种的品系。杨属(*Populus*)分类系统共分为五大派:青杨派(*Tacamahaca*)、白杨派(*Leuce*)、黑杨派(*Aigeiros*)、胡杨派(*Turanga*)、大叶杨派(*Leucoides*)。树干通常端直;树皮光滑或纵裂,常为灰白色。主要分布于华中、华北、西北、东北等广阔地区。

杨树是世界上分布最广、适应性最强的树种。主要分布于北半球温带、寒温带地区,北纬22°~70°,从低海拔到4 800 m。在中国分布范围跨北纬25°~53°、东经76°~134°,遍及东北、西北、华北和西南等地。

杨木的用途很广,不仅用作木材,而且主要作为加工业用材,杨树已成为胶合板、纤维板、造纸、火柴、卫生筷和包装业的重要加工原料。

李晶、王福森等(2013)选择黑龙江省7个主要杨树纤维用材品种为研究对象,测定了木材纤维形态、化学成分和成浆性能,分析了林龄与主要纸浆性能间的相关关系,对7个品种纸浆性能进行了综合评价。试验结果表明,7个品种的纤维长度为0.88~1.17 mm,纤维素含量为49.28%~59.77%,粗浆得率为50.41%~54.97%,上述指标均达到或超过优质纸浆标准;林龄与纤维长度、纤维素含量和粗浆得率间无显著相关关系;纤维长、长宽比、壁腔比、纤维素含量、纸浆得率、漂浆白度和抗张指数等主要纸浆性能指标各品种间无大差别,且符合造纸要求,均可作为纤维用材林优良品种。

木材的纤维素及半纤维素(合称为综纤维素)是造纸有用的成分。木质素对造纸不利,制化学浆时需除去。杨树木材的综纤维素均在80%以上,而针叶树只有75%左右,所以杨树综纤维素含量高,获得浆率高,目前,采用 APMP 制浆工艺制浆得率高达 92% 左右。造纸要求的纤维长宽比不低于 45 即可,杨树木材纤维长宽比均在 46 ~ 52,达到要求。纸张性能研究结果表明,木材纤维原料壁腔比小于 1 是好原料,等于 1 是中等原料,大于 1 是劣等原料。杨树木材壁腔比均小于 1 ,可称为上等原料。

杨树材质优良,既可做磨木浆又可做化学浆,其材质接近白松,颜色洁白,松软比重小,是做磨木浆的好原料。目前,最适于杨木制浆的方法是采用 APMP 制浆工艺,其得率高、白度高,强度和不透明度好,适用于配抄低定量胶印新闻纸和低定量涂布纸等。

二、桉树

桉树(*Eucalyptus robusta* Smith)又称尤加利树,是桃金娘科、桉属植物的统称。常绿高大乔木,有 600 余种。常绿植物,一年内有周期性的枯叶脱落的现象,大多品种是高大乔木,少数是小乔木,呈灌木状的很少。树冠形状有尖塔形、多枝形和垂枝形等。单叶,全缘,革质,有时被有一层薄蜡质。叶子可分为幼态叶、中间叶和成熟叶三类,多数品种的叶子对生,较小,心脏形或阔披针形。

桉树造纸早在 20 世纪初期就已经开始了,桉树的纤维平均长度 0.75 ~ 1.30 mm,它的色泽、密度和抽出物的比率都适于制浆。还有许多大型的造纸厂用桉树制造生产牛皮纸和打印纸。桉树木材中的纤维素,可先制成溶解木浆,再加工成人造丝。

桉树广泛用于制浆造纸、人造板和纤维板等方面,已成为世界性的短周期工业原料林的首选树种之一。但因桉树种类繁多,约包括 500 种,不同的种、种源以及无性系之间不但生长量、抗逆性差异大,而且纤维组织形态、化学成分及木材性状往往也相差较大,因而制浆造纸性能差异很大。作为纸浆材来培育,无性系选择得当与否直接关系到其产量高低、品质优劣和经济效益,是桉树纸浆原料林发展中必须解决的首要问题。

桉树的主要用途是纸浆材,目前我国桉树现有优良品种几乎都是纸浆材良种。在树种上多以在我国南方表现优良的尾叶桉、巨桉、细叶桉、赤桉,以及这些树种之间的杂交种为主。

三、桤木

桤木(*Alnus cremastogyne* Burk.)别名水冬瓜树、水青风、桤蒿,落叶乔木,为桦木科、桤木属植物,是中国特有种和福建重要的乡土树种之一。桤木叶片、嫩芽药用,可治腹泻及止血。桤木为我国濒危等级国家Ⅱ级重点保护野生植物(国务院 1999 年 8 月 4 日批准)。

桤木是一种商用种植较有发展前景的阔叶树种,生长迅速、固氮能力强,木材性质类似于杨树和桦木,可用来开发研制不同的浆种。早在 20 世纪 70 年代,波兰就开始利用桤木等阔叶树制浆造纸,耗用量占其造纸工业用材的 14%,Demchekov 等在研究灰桤木木材化学组分及成浆物理、机械和抄纸性能后发现其成浆抄纸性能与桦木相似。

于东阳(2013)等对 6 年生 9 个种源的桤木木材化学成分及成纸后的纸浆性能做了研究。桤木的综纤维素含量与白桦、粗皮桉较为接近,均在 80% 左右,桤木 G 种源(四川金堂)综纤维素含量达 81.21%、戊聚糖含量 23.71%、苯醇抽提物 0.72%、总木质素 20.41%、粗浆得率 52.3%、细浆得率 50.7%、漂后浆白度 58.2%、耐折度 115 次,综合性能最优,更适于造纸。漂后浆白度和撕裂指数与年降水量和年均湿度有显著的正相关性,可能与雨水量有关,因在我国经度越高降水越多,桤木所处的环境雨水充足,有利于桤木增加产量。

四、白桦

白桦(*Betula platyphylla* Suk.),落叶乔木,树干可达25 m高、50 cm粗。有白色光滑像纸一样的树皮,可分层剥下来,用铅笔还可以在剥下的薄薄的树皮上面写字。生于海拔400~4 100 m的山坡或林中,适应性大,分布甚广,尤喜湿润土壤,为次生林的先锋树种。中国大、小兴安岭及长白山均有成片纯林,在华北平原和黄土高原山区、西南山地亦为阔叶落叶林及针叶阔叶混交林中的常见树种。因其木材致密,可制木器。树皮可提取栲胶、桦皮油,叶可作染料,种子可榨油。可用作胶合板、细木工、家具、单板、防止线轴、鞋楦、车辆、运动器材、乐器、造纸原料等。木材可供一般建筑及制作器具之用,树皮可提桦油。白桦皮在民间常用以编制日用器具。

白桦广泛分布于东北、华北、西北及西南高山林区等14个省区。其中在东北地区的分布面积最大,且呈连续分布,是本区蓄积量最大的乡土速生阔叶树种。东北林区集中了全国白桦总蓄积量的2/3以上。

白桦具有较强的适应性和抗逆性,生长快,结实量多,萌生能力强,其材质细致,木材硬度、基本密度、白度、纤维形态、化学组分以及打浆性能均符合造纸用材的要求,是优良的胶合板材和纸浆材树种。

五、马尾松

马尾松(*Pinus massoniana* Lamb.)是松科、松属乔木,高可达45 m,胸径1.5 m;树皮红褐色,枝平展或斜展,树冠宽塔形或伞形,枝条每年生长一轮(广东两轮),冬芽卵状圆柱形或圆柱形,针叶,细柔,微扭曲,两面有气孔线,边缘有细锯齿;叶鞘宿存。雄球花淡红褐色,圆柱形,聚生于新枝下部苞腋,穗状,雌球聚生于新枝近顶端,淡紫红色,种子长卵圆形,4~5月开花,球果第二年10~12月成熟。

马尾松分布极广,北自河南及山东南部,南至两广、湖南(慈利县)、台湾,东自沿海,西至四川中部及贵州,遍布于华中、华南各地。一般在长江下游海拔600~700 m以下、中游约1 200 m以上、上游约1 500 m以下均有分布。是中国南部主要材用树种,经济价值高。

马尾松不耐腐。心边材区别不明显,淡黄褐色,长纵裂,长片状剥落;木材纹理直,结构粗;含树脂,耐水湿。比重0.39~0.49,有弹性,富树脂,耐腐力弱。马尾松是重要的用材树种,也是荒山造林的先锋树种。其经济价值高、用途广,松木是工农业生产上的重要用材,主要供建筑、枕木、矿柱、制板、包装箱、家具及木纤维工业(人造丝浆及造纸)原料等用。树干可割取松脂,为医药、化工原料。根部树脂含量丰富;树干及根部可培养茯苓、蕈类,供中药及食用,树皮可提取栲胶。为长江流域以南重要的荒山造林树种。

马尾松木材极耐水湿,有"水中千年松"之说,特别适用于水下工程。木材含纤维素62%,脱脂后为造纸和人造纤维工业的重要原料,马尾松也是中国主要产脂树种,松香是许多轻、重工业的重要原料,主要用于造纸、橡胶、涂料、油漆、胶粘等工业。

马尾松是我国亚热带地区特有的乡土树种,分布广泛,适应性强,生长迅速,立地条件较好和经营水平较高的高产林分单位面积年生长量可超过阿根廷的湿地松、新西兰的辐射松和美国集约经营的火炬松。马尾松以其适应性强、耐干旱瘠薄、速生、高产、木材纤维素含量高、全树综合利用率高等优良特性而成为我国南方最主要的造林树种和制浆造纸用材树种。马尾松纤维细长、柔软、强度高,材质疏松、易解，是优质的制浆造纸原料，可抄造新闻纸、牛皮纸和其他高品位的纸张。

六、落叶松

落叶松（*Larix gmelinii*（Rupr.）Kuzen.）是松科、落叶松属乔木，高度可达 35 m，胸径达 90 cm；幼树树皮深褐色，枝斜展或近平展，树冠卵状圆锥形；冬芽近圆球形，芽鳞暗褐色，边缘具睫毛，基部芽鳞的先端具长尖头。叶片倒披针状条形，先端尖或钝尖，上面中脉不隆起，球果幼时紫红色，成熟前卵圆形或椭圆形，黄褐色、褐色或紫褐色，种子斜卵圆形，灰白色，5～6 月开花，球果 9 月成熟。

落叶松是中国大兴安岭针叶林的主要树种，木材蓄积丰富，也是该地区今后荒山造林和森林更新的主要树种。木材略重，硬度中等，易裂，边材淡黄色，心材黄褐色至红褐色，纹理直，结构细密，比重 0.32～0.52，有树脂，耐久用。可作为房屋建筑、土木工程、电杆、舟车、细木加工及木纤维工业原料等用材。树干可提取树脂，树皮可提取栲胶。

落叶松的木材重而坚实，抗压及抗弯曲的强度大，而且耐腐朽，木材工艺价值高，是电杆、枕木、桥梁、矿柱、车辆、建筑等优良用材。

落叶松属林木在我国有 10 余种，有林地较广，蓄积量较大，以东北最多。据统计，落叶松林木的蓄积量在东北占林区针叶林总蓄积量的 39.4%，占黑龙江省用材林蓄积量的 23.6%，其中大兴安岭林区占用材林总蓄积量的 67%。落叶松对恶劣气候及病虫的抵抗力强，成活率高，生长快，森林资源丰富。

落叶松同其他阔叶材相比木纤维长，纤维的长宽比大，管胞壁厚，生产的纸张具有较高的强度、拉力，耐破指数高。由于落叶松纤维间结合比较紧密,较适合碱法制浆。用落叶松生产纸浆,大部分用于生产本色纸浆、水泥纸袋、牛皮纸等工业包装用纸及各种高档箱板纸的面浆。发展造纸可推动林纸一体化发展,促进建设优质速生林基地,发展木浆造纸,也符合国家林纸结合的基本政策。

第三节　构树造纸的历史

自东汉以来,构树与麻一样,被大量用于制布与造纸。据《后汉书·蔡伦传》记载:"伦乃造意,用树肤、麻头及敝布、鱼网以为纸"。树肤,即树皮,这里便指构树,古人又称楮树。

古人喜欢用构树皮纤维制衣帽、被子。古诗文中多有"楮衾"出现,如"厚于布被拥公孙,清似荷衣伴屈原。卷送春云香入梦,剪成秋水淡无痕。五更葭琯嘘寒谷,一榻梅花近雪村。直作黄绸纹锦看,日高睡稳不开门"。从中可见诗人受赠楮衾后的喜悦,因此楮衾也是古人拿得出手的礼物。宋代王镃赞《楮衾》说,"霜藤捣出杵声乾,软白同绵一样看。春借梅花香入梦,雪深茅屋不知寒",貌似盖上楮衾,就有安宁与幸福。另一位叫赵希逢的宋代诗人说,"楮衾重盖得春多,贵羽都忘纨与罗"(《和早春楮衾》),则将此物推向更高的境界了。韩婴《韩诗外传》卷一描述"原宪楮冠黎杖而应门,正冠则缨绝,振襟则肘见,纳履则踵决"极贫困的景象,但作为孔子的高足,原宪安贫乐道,毫不在乎。

《本草纲目》载:"蜀人以麻、闽人以嫩竹、海人以苔、吴人以茧、楚人以楮为纸。"用"构皮"造纸,须经十余道工序,用专业术语来说是:剐皮、晒干、蒸煮、河沤、漂白、漂洗、选料、扬清、碓打、袋洗、兑水、打槽、兑料、抄纸、榨干、晒纸、揭纸、打捆。

唐前期,宣州已有造纸记载。宋人周密《澄怀录》卷上载:“唐永徽间,宣州僧欲写《华严经》,先以沉香和楮树,取以造纸”。楮树是一种落叶乔木,是造纸的主要原料。宣州一带楮树较多,为宣纸的制造提供了大量的原料。《唐六典》记载各州的杂物土贡时,提到“宣、衢等州之案纸、次纸”。表明至迟在唐中期,宣州的纸已经作为贡品入贡。宣纸也成为文人士大夫书画泼墨的最佳选择。唐张彦远《历代名画记》云:“江南地润无尘,人多精艺。……好事家宜置宣纸百幅,用法蜡之,以备摹写(顾恺之有摹榻妙法)”。《太平寰宇记》云宣州土产“纸”,可见五代宋初,宣纸依然是名纸。

产生于我国北宋时期的交子是世界上最早的纸币,成为我国货币经济发展史上承前启后的重要货币。自此之后,纸币逐步获得发展,便于人们携带和交易,其木质纤维较为粗糙。制造“交子”的纸张称之为“楮纸”,此种纸张有着十分独特的制作方法,首先用楮树的树皮在石灰水之中浸泡若干天,通过石灰水的浸泡能够使楮树树皮漂白和软化,之后用清水浸泡,将楮树树皮中的白石灰洗净,再经过碾压,就成为造纸所用的纸浆,以楮树树皮碾压而成的纸浆可以用来直接造纸。

西双版纳仍有部分傣族村寨采用构树造纸,其民族文化多以构皮纸为传承载体。广西大化存留着壮族2 000多年的构树皮手工造纸工艺。现在,构树皮仍是制造高档纸张不可多得的优良原材料。

第四节　构树适合造纸用的特性

构树皮纤维细长,分布范围4.31～20.62 mm,均值达到10.89 mm,是生产特种纸的好原料;韧皮纤维含量较高,纤维和半纤维含量达到70%以上,与亚麻比较接近,而细度堪比棉花,在纤维特性和含量方面都表现出很好的品质,其制品耐折度较好,成本较低,是一种优良的制浆造纸原料。在实验室条件下,构皮纸浆得率42.47%,较一般针阔叶木易成浆,具有较优的制浆性能。色泽洁白柔软,品质优良,是造纸行业制造高档纸的优良原料,是生产宣纸、沙纸、复写纸、蜡纸、绝缘纸及人造棉、钞票用纸的好材料和纺织原料。随着时代的发展,构树逐步广泛用于制造礼品包装纸、书画纸等各种高档纸型。

构树韧皮具有较大的纤维利用率,可以减少化学药品用量或缩短保温时间,提高了制浆经济效益;纤维的化学性质比较稳定,光泽柔和,色洁白,手感柔软滑糯,有丝质外观,且吸湿性很好,用于纺织,其织物必然会有较好的耐用性、防腐蚀性和很好的舒适性。构皮纤维细长、两端尖钝,胞腔很小,胞壁厚,胞壁上有一层明显的膜质鞘,胞壁上的裂隙多且明显。由于纤维细长易于交织,因此成纸强度大。但构皮纤维的宽度比桑皮纤维宽,与檀皮差不多,所以成纸后的撕裂度较高,抗张强度和耐折度也较高。

构皮纸质地柔韧,耐摩擦,抗水渍,利于长期使用,如安徽宣城制造的宣纸,贵州制造的皮纸和制作丝棉衣、皮衣的衬纸等,云南临沧傣族构树皮纸具有坚韧洁白、柔软光滑、久存不陈、力撕不破及防腐防蛀等特点。“构树皮造纸工艺”已于2009年入选四川省非物质文化遗产名录。构树皮尤其适合作为造币用纸,因其不易撕裂和腐烂,便于流通保存。

构皮是优良的长纤维韧皮纤维原料,种植构树不仅可以增加农民收入,而且符合国家退耕还林的政策,有利于对生态环境的保护。我国拥有相当丰富的构皮资源,发展构皮制浆、研究新的构皮制浆工艺对于我国优质的长纤维韧皮纤维原料的开发利用、高档纸品种类的增加、国民经济的提高都是很有意义的。

构树是我国大部分地区的适生树种和优势生物资源，将野生的构树进行人工培育和种植，筛选出最适宜造林和树皮制浆优良的构树类型，将多年生、稀疏种植的构树改为高密度栽植，超短期轮伐（每2～3年），走林业农业化、林业高产化的道路，最终达到迅速高效培育构树资源、发展构树产业的目的。同时，可与当地特种纸厂联合，通过项目辐射带动，群众自愿参加，建立构树良种苗木繁育基地和树皮资源生产基地，走科研、生产一体化道路，既培育了当地经济新的增长点，也为国家生态建设工程提供了科技支撑。

第五节　构树造纸工艺的历史

造纸术的发明是我国古代先民对世界人类文明的一大贡献，而利用树皮为原料造纸在我国有着更悠久的历史。

公元102年前，东汉各地生产麻纸进贡，蔡伦其时掌管宫内文书档案，深感“帛贵而简重，并不便于人”，决定造出更好的纸。《后汉书·蔡伦传》记载：“伦乃造意，用树肤、麻头及敝布、鱼网以为纸。元兴元年，奏上之，帝善其能，自是莫不用焉，故天下咸称‘蔡侯纸’。”蔡伦总结前代及同时代造麻纸的技术经验，将造纸原料由原来单纯的丝或麻，扩大为树肤、麻头、敝布、鱼网，在主持研制皮纸时完成了木本韧皮纤维造纸的技术突破，扩充了原料来源，革新了造纸工艺。古法的制浆是将构树内皮剥离出来使之浆化，这是个费时费力耗燃料的过程。

古代树皮制浆造纸技术是古老的手工生产，其过程如下：“剥皮漂塘，煮煌足火，人臼受舂，荡料入帘，覆帘压纸，透火焙干”。国之瑰宝"宣纸"就是用檀皮作原料,土法手工生产的精品。

大宋熙宁元年(1068 年)某日,一位叫戴蒙的监官在成都设立"抄纸院"。当时,"交子"已经作为地球上最初的纸币在宋朝使用。为了防止假交子,朝廷在一些地方设置专业造纸厂。成都这家就是用构树皮造交子用的"抄纸",可见其质量极高。其实宣纸也曾用构树皮做原料。

有着全国"造纸第一镇"美誉的新密市大隗镇的手工造纸起源于东汉蔡伦发明的造纸术,已经有 1 000 多年的历史。相传东汉初年刘秀的大司徒侯跋从蔡伦处学得此技艺,又将此技艺传给大隗镇的侯姓后人。宋金时期,大隗镇手工造纸作坊兴起。目前,现代化造纸业已成为大隗镇的支柱产业。"八五"期间,大隗镇工业化造纸业突飞猛进,主导产品有瓦楞纸、水泥包装纸、民用纸、卫生纸四大系列,产品畅销国内外,年产值达 15 亿元。在这样的经济形势下,大隗镇继续实行"强镇富民,以工建镇"的发展战略,强力推动大隗镇的工业化、城市化和现代化,村民几乎家家都采用大中型的造纸机进行机械化造纸。随着机器造纸的普及和工业化生产的需要,如今的大隗镇仅剩下一家作坊还固守着此项原始造纸工艺,由于工作量大且利润微薄,已难以为继。

这里生产的绵纸纸浆原料为构树皮,纸质柔软、韧性好,耐折耐叠,吸水性好且不洇墨水,具有极好的吸水吸湿性、透气性,富有弹性。所产的纱纸具有纸质洁白、细韧柔软、拉力强韧的特点,无毒、环保、细嫩、耐用,防虫蛀,味道清香,吸墨性强,不易变色,保存年代久,而且对人体还有镇静安神之功效,成为历代书写重要契约、家谱及佛教、道教经文的用纸和各类包装、工艺用纸,色泽经久不变,可保存千年不变质。现在的工艺已经不能算是完全地复古,因为其手工造纸纸浆的原材料 70% 是碎纸边角料，只有 30% 的构树内皮层。构树的内皮层纤维较长而柔软，吸湿性强，是制造桑皮纸的上好原料。

构皮木质素含量低，果胶质含量高，对构皮的制浆不单要将表皮层、胞间层和次生壁的木质素除去，还要除去大量的果胶质，另外构皮表层的黑皮很难除去。但是，在制浆过程中又不能以牺牲纤维长度和降低得率来实现脱胶、脱木素的目的，传统的碱法制浆的局限性就在于此。

隋代用构皮造纸，将构皮在清水中浸泡几昼夜，用脚踩掉硬壳，然后捞出，掺和石灰搅匀，堆置发酵一个月，再进行蒸煮，把蒸好的皮料放入布袋，丢到流水里浸泡，踏出灰水，皮料干净后，利用日光把皮料自然漂白成浆。由于构树皮表层的黑皮很难除去，传统的制浆方法采用高温、高碱、长时间的慢速蒸煮工艺，这种方法制得的浆虽然白度较高，但经过化学药品的作用和反复的搅拌洗涤，必然会损伤纤维原料，使纤维的强度受到影响，并且严重降低制浆得率。

在现代社会，工业造纸成了造纸业的主要方式，但是西南地区的传统手工方式造纸由于民族的传承仍然得以保留。传统手工造纸工艺大多选用大麻、苎麻、亚麻、青麻等麻类以及构类、桑类和檀类的树皮圈，其中，构树纤维长，在隋代已经作为造纸原料使用。薛崇昀的研究表明，人工种植的构树粗浆得率和浆料白度均很高，并且用于造纸的韧皮部果胶含量高，纤维长度长。在云贵地区少数民族聚集地，傣族、纳西族、侗族、苗族等造纸原材料大多选用构皮，纳西族生产出的东巴纸等纸张具有厚、韧以及抗蛀性强等特点。贵州手工造纸大多采用竹子或者构皮造纸。李晓岑等（2011）认为亚洲的传统造纸方法中，浇纸法可能源自印巴次大陆，而抄纸法起源于中国内地，并在此基础上研究了云南耿马县孟定傣族的浇纸法造纸，指出这种造纸方式是云南地区特有的，并且提出对传统手工造纸方式的生态与经济效益并重的建议。

中国传统手工抄纸种类丰富，从生产工艺较为成熟的唐代开始就有十色笺、金花笺、薛涛笺、流沙笺、澄心堂纸、敲冰笺、乌金笺、玉版笺、金粟笺等多种名纸的记载，宋元明清时期各种名纸的种类多不胜数，其制作工艺之精、纸质之精美，令人赞叹。宋元明清时期各种名纸的种类多不胜数，其制作工艺之精，纸质之精美，令人赞叹。宋代城市经济繁荣，手工业发达，是因赵匡胤用兵结束了五代十国时诸潘割据的战乱年代，社会暂时得到安定。造纸质量提高及活字版印刷术的出现，更推进了文化昌明。就笺纸而论，宋代有澄心堂纸极佳，有碧云春树笺、龙凤笺、团花笺、金花笺……都是宫中御用之笺纸相当华贵。元代制纸，有彩色粉笺、蜡笺、花笺、黄笺、罗纹笺皆出绍兴；有白篆纸、观音纸皆出江西。彩印诗笺，尚无所闻。唯有纸上绘金如意云者，为元朝大内明仁殿御用之品，可裁作诗笺。清朝曾有仿制，特于纸面左下角捺“乾隆年仿明仁殿”长方图章，亦系御用之物。皆非一般市上所售，后有复制者。

总体看来，传统手工造纸长期处于逐渐衰退的过程中。20 世纪 40 年代以后，对于手工纸衰退的原因，很多人认为是受到了现代工业的冲击，其次是很多地方造纸原料的短缺和资源的过度消耗所引起，另外是传统手工纸生产本身由于技术手段落后，消耗劳力大，成本高，产量低。

传统手工艺其实是农业文明的产物，工业社会后同类工业产品对它的冲击非常大，现在整体萎缩较为严重。云南少数民族的手工造纸具有独特的民族特色，是值得保护的一种手工工艺。手工纸的耐久性好、强度大、寿命长、吸水性好，有很好的应用前景。在国外，手工纸的应用是很广泛的，如泰国清迈的傣族把手工纸应用于封面的包装，从而增加了书籍的民族特色和文化底蕴；在日本，也把手工纸应用在各种艺术领域，如做请柬、月历、礼品等，有一种古老质朴的文化品位，所以日本出现了手工纸所占比例越来越大、生产越来越繁荣的景象，值得学习和借鉴。云南傣族用手工纸做纸伞和孔明灯，考古中拓印碑帖，还有一些书画用纸等都是手工纸。

第一批国家级非物质文化遗产名录中，傣族、纳西族传统手工造纸技艺就已经上榜；此外，贵州的皮纸制作技艺与西藏藏族造纸技艺也在其中。希望还能有更多地方的手工造纸进入非物质文化遗产名录中，使其能够得到传承和保护。进入保护名录后，还缺乏有针对性的一些保护措施，国家应给予那些传承人一定的经济补贴，鼓励工艺纸的生产，对一些特殊纸张，建议国家采取收储制度。

第六节　现代构树造纸工艺的研究现状

我国造纸原料的基本现状是木材短缺，要在短时期内完全缓解不是很现实，因此充分利用长纤维韧皮纤维原料，研究新的制浆工艺就显得很有必要。随着技术的进步，近年来国内外学者对构树杆、构树皮制浆造纸进行了较为深入的研究，发表了不少研究报告和专利，为定向培育优质造纸原料提供了理论依据，促进了纸业和林业的共同发展。

(1)20 世纪 80 年代末，日本研究了韧皮纤维(包括构皮纤维)的中性过氧化氢草酸盐(NPO)蒸煮法，结果表明，粗浆得率 75.1%，卡伯值 10.4，白度 83.4% ISO。NPO 蒸煮法为生产高白度、高得率、高质量的韧皮纤维纸浆提供了可能，为小规模的韧皮纤维制浆造纸工业的无硫、无氯及最简单的工艺提供了新的制浆方法。

(2)李新平(2003)等研究总结出近几年来国内外发展的几种制浆法:改良碱法制浆、草酸铵蒸煮制浆、中性过氧化氢草酸盐法蒸煮制浆以及生物法制浆。这些方法用于构皮制浆有较好的效果。

①改良碱法制浆。改良的碱法制浆技术主要是指在蒸煮过程中添加助剂。这包含非离子表面活性剂、螯合剂以及脱果胶剂。在碱性蒸煮液中,表面活性剂可以加速药液渗透,使药液的有效成分能较大限度地发挥,加强了木质素的脱除,减少了纤维素的降解;螯合剂主要是针对构皮中含有的较高灰分(2.7%),因为构皮组分中的游离酸在高 pH 值的条件下可能会与钙离子、硅离子等形成不皂化合物,从而影响蒸煮剂的效用;构皮有很高的果胶质含量,加入脱果胶剂可以直接脱除果胶 17%,蒸煮压力降到了 0.41 MPa,保温时间缩短到 2 h,而成浆的得率却提高到了 42%,与传统的制浆方法相比降低了能耗,节约了成本,而且污染负荷也降低了。

②草酸铵蒸煮制浆。最早对构皮草酸铵制浆方法进行研究的是日本的研究机构,他们研究得到的蒸煮条件为:温度(85 ±2)℃,药液浓度 5 g/L,液比 1∶25,时间用 0.5 h、1.3 h、18 h、36 h 作对比,同时和未漂硫酸盐法(总碱(Na_2O)36 g/L,硫化度 25.4%,液比为 1∶5),用 1.5 h 升温到 170 ℃,然后在 170 ℃温度下保温 1.5 h 做对比。草酸铵法纸浆与硫酸盐法纸浆对比结果表明,粗浆得率、纸的裂断长,前者较后者高,而标准游离度及残余木质素量,前者较后者低。用草酸铵法蒸煮构皮,所得浆的强度明显高于烧碱法。试验结果还表明,在 85 ℃温度下蒸煮所得浆的强度最大。草酸铵对构皮纤维来说,是很好的溶解果胶的媒剂。在弱酸或中性条件下,用草酸铵溶液蒸煮可有效地除去果胶,同时易分离出单根纤维且对纤维结构的损害极微。

③中性过氧化氢草酸盐法蒸煮制浆。构树韧皮纤维的化学组成具有其特殊的性质,其木质素含量较少,并含有较多的果胶质。采用传统的高碱、高温硫酸盐蒸煮,对纸浆的质量不利,而且环境污染严重。20 世纪 80 年代末,日本研究了韧皮纤维(包括构皮纤维)的中性过氧化氢草酸盐(NPO)蒸煮法。研究表明,采用这种方法蒸煮可以提高纸浆得率和改善纸浆质量。在低温下对韧皮纤维制浆比其他蒸煮方法有效,同时能使蒸煮和漂白相结合,简化工艺,也是无硫无氯制浆的一种新工艺。

④生物法制浆。构皮的生物法制浆在某种意义上讲是一种原料的生物预处理或浆料的生物后处理过程,主要通过果胶酶和特种菌类来实现。不论是酶法还是菌类,都是针对构皮中高含量的果胶质。武汉大学在研究中发现了一种对构皮有较强降解能力的嗜碱细菌(Bacillussp. NT-7),他们用此菌种对构皮进行了生物处理。研究发现该菌株具有优先降解构皮非纤维素组分的能力,从而优化了构皮纸浆的化学组成,同时能够减少后续制浆所需的药液量,有利于成本的降低和环境的保护。另外,也可用果胶酶进行生物处理。果胶酶的活性较高,对构皮中的果胶质有很好的分解作用,而且需要的条件缓和,最后制成的纸浆所抄成的纸松厚度、透明度和适印性都较好,并且处理后的废液为无色偏碱性液体,有利于废水处理。

(3)廖声熙于 2003~2005 年对云南金沙江干热河谷 1~7 年生构树皮的化学、纤维特性与制浆性能的研究表明,构皮纤维长,木质素含量低,纤维素含量高,纤维形态好,易于成浆,充分反映了它是纤维工业及造纸的优良原料。纤维长度是衡量植物纤维原料优劣最重要的指标之一,纤维长度的分布对纸张的撕裂度、抗张强度、耐破度、耐折度等纸张强度指标有着较大的影响;纤维素和综纤维素含量的高低直接影响了浆得率的高低,含量越高,浆得率越高,纸浆的强度也越大。良好的造纸用纤维原料要求含纤维素高,木质素少,灰分和抽出物含量少,从不同年龄构皮的化学组成特征来看,建议造纸最好不用6年以上构皮,2~4年构皮有利于制浆造纸。优质构皮纤维原料最佳收获期为2~5年。综合几方面测定结果,2~5年生构皮具有较优的制浆性能,其次为6年生构皮,1年生、7年生构皮稍差。如果考虑培育周期、经济投入产出比,以及当地构树生长量等因素,建议收获2~3年生构皮能有较好的造纸性能和较高的经济收入。

(4)赵建芬(2017)利用广泛生长的构树树皮进行溶解浆的制浆试验,制浆工艺方法为大活性碱法,漂白工艺为二次二氧化氯漂白、一次碱精制、二次酸处理,制得符合粘胶纤维使用质量标准的浆粕,并对构皮浆粕进行制胶和纺丝,纤维性能优良,手感柔软,白度较好。经国家棉纺织产品质量监督检验中心等机构检测,构皮纤维具有较好的抑菌性,提高了构皮纤维在棉纺设备上的适应性,扩大了应用领域,具有很好的开发和利用价值。

(5)白淑云(2009)对不同树龄杂交构树的产量、纤维形态、制浆性能进行了研究。通过研究对杂交构树适合的制浆方法提供理论依据,开展生长时间对制浆性能的研究可以确定采伐、收割的最佳时间。通过对杂交构树的生物种植量分析表明,2年轮伐期的杂交构树,其经济性要高于1年轮伐期和3年轮伐期。杂交构树木质部纤维形态差别较小,纤维粗短,长宽比小,细小组分含量较多。而杂交构树韧皮部纤维平均长度均大于7 mm,纤维细长,长宽比大于400,是优质的长纤维原料。从化学组成上看,杂交构树木质部化学组成相当于一般的阔叶木原料。杂交构树全皮中抽出物含量、木质素含量和灰分含量较高,主要集中在黑皮上。杂交构树韧皮纤维中的果胶含量相对较高。对 1 ~3 年生杂交构树采用上述最优化条件进行 APMP 制浆,结果表明树龄对成纸的物理性能影响不大。2 年生杂交构树 APMP 可以制得优等轻型纸和新闻纸。杂交构树白皮可以采用生物法制浆,制浆周期分别为 102 h 和 110 h,制浆得率分别为 58.21% 和 59.69% 。经过机械预处理后生物制浆周期缩短为 65 h 和 72 h,制浆结果变化不大。对于不同的韧皮纤维原料生物浆用 40 目筛网筛选后白度均有所提高。利用离心分离的方法去除黑皮和绿皮效果明显。

(6)牛敏等(2007)通过构树制浆性能的探索性试验,评估构树制浆的可行性,结果显示,从纤维形态和化学组成来看,构树是比较适宜制浆的;18% 的用碱量、90 min 的保温时间和 24% 的硫化度是构树制浆的最佳工艺条件。杨振寅等对不同类型构树树皮的化学组成、纤维特性与制浆性能进行综合分析,结果表明,几种类型的构树皮纤维长,纤维素含量高,木质素含量低,纤维形态好,都易于成浆,并具有较高的制浆率,可以作为纤维工业及造纸的优质原料。

(7)孙福寿(2015)发明的一种构树皮纸制造工艺,包括以下步骤: ①对收集的构树滑条进行预处理; ②将所得构皮浸泡在流动的活水中搓揉漂洗去皮;③将所得构皮隔水蒸 3 ~4 h、揉搓、清洗;④将所得构皮用钝器捶打,使构皮的纤维细化、膨大,平铺挑去杂质,阴干,再次用钝器捶打;⑤将所得构皮的纤维装入纯棉布袋内浸泡在活水中;⑥将所得构皮的纤维倒入水池中,搅拌均匀得到构皮纤维混合浆,除去泡沫;⑦抄造纸张。该发明为纯手工工艺,生产的纸张纸肌好,具有柔而不腻、不滞笔、收墨性好、耐皱擦、韧性超强、防湿、防蛀、生态环保等特点,具有广泛的使用价值和应用价值。

(8)何连芳等(2009)发明的光叶楮(构树)韧皮纤维的脱胶制浆

方法，是在 25 ~ 40 ℃用微生物菌液对所述光叶楮（构树）韧皮纤维的水溶液进行脱胶制浆；所述构树韧皮纤维水溶液的 pH 值为 5 ~ 9。本发明提供的脱胶方法，从根本上消除了由化学法脱胶产生的污染问题，脱胶产生的废水中无任何化学药品残留，对环境无任何污染；脱胶后所得造纸用纤维原料完全达到制浆造纸的要求，得率为 65% ~ 75%，较现有工艺提高了 10%。该方法实现了在提高资源利用率的同时减少了环境污染，具有广阔的应用前景。

（9）刘倩等（2016）发明了一种以构树皮为原料的造纸工艺方法。首先将构树皮进行初步筛选、浸泡，将其放入纸甑中煮，之后进行碾压，并加入生石灰浸泡一段时间，然后将所得构树皮放入纸甑中经过高温煮后，再将得到的构树皮洗掉石灰和杂质，并且搓揉去皮，用钢刀把去皮后的原料切成薄片，放入石槽中捣碎，得到纸浆，最后将捣好的纸浆倒入加满水的纸槽中，经过充分搅拌，使纸浆在水中形成均匀悬浮的絮状，再进行抄纸和榨纸，将尚有水分的湿纸进行扫纸、烘纸和揭纸，所生产的纸张不添加化学药剂，不会对使用者的健康造成危害，且纸质细腻、柔韧、手感绵滑、耐磨、不褶皱、保存寿命长、适用范围广，具有安全无污染、经济环保的特点。

（10）陈洪章等（2009）发明了构树茎皮汽爆脱胶制备宣纸等纸浆的方法。首先将构树茎皮进行汽爆处理，再经过漂洗、漂白便得到优质纸浆。无污染汽爆处理使得构树茎皮纤维中 80% 的果胶和半纤维素降解，木质素部分降解，同时将构树的外表皮（黑皮）与内层韧皮完全分离，经漂洗后可去除外表皮的黑色组织，而且汽爆过程将茎皮纤维撕裂成松散结构，使漂白过程中化学药品能充分渗透，提高了纸浆白度。该方法不仅降低了构树茎皮造纸的工业化成本，避免了化学法制浆造成的环境污染，而且可提高纸浆的得率和品质，该纸浆可以用来制造宣纸和印钞纸等高档用纸。该发明为构树茎皮资源清洁高值化利用提供了新的方法,将产生较大的经济效益和社会效益。

随着科技手段的进步,传统的造纸工艺正在淡出历史舞台。由现代化引发的传统造纸工艺流失,加剧了纸质文物修复的难度。专家认为,科学地保护古法造纸工艺,不仅可以保护纸张这种特殊的历史和文明传承载体,也为未来造纸技术的发展变革提供了更多可能性。2013 年 6 月 7 日,联合国教科文组织驻华代表处、中国华夏文化遗产基金会联合发布了《纸张保护指南》,历经 2 000 多年的传统古法造纸技艺从此有了第一部区域性国际学术公约。

第七节　我国植物造纸的现状和存在的问题

一、我国木材纤维原料的现状

我国制浆造纸植物纤维原料的基本特点是:原料不足,草类原料多,木材原料少。由于我国是个农业大国,有许多的草类原料及其他非木材原料资源可供制浆造纸利用,纸浆总量中有 65% ~75% 是用草类原料生产的,使得我国成为世界上名副其实的草浆造纸大国。虽然草类原料木质素含量低,半纤维素含量高,纤维既细又短,易成浆、易漂白,成纸紧度高、平滑度好,但是草类原料的纸张品种单一,纸张质量较差,使得造纸企业规模小、产品档次低。与有成熟污染防治技术的木浆生产相比,草浆生产的污染治理,在技术和经济上有不少难题尚未解决,未经处理的废液排放到江河湖海之中,给生态环境造成巨大危害,使水资源污染越来越严重。从世界发展趋势看,几乎所有高档纸品都是由木浆制成的。以木材纤维为主要原料是现代造纸业自身技术和经济规律的必然要求，是世界造纸业的经验总结和发展方向。当今世界造纸业在生产技术上已形成了高速、高效、高质量、低污染、连续化和自动化的作业系统；在原料结构上已确立了以木材为主要纤维原料的生产体系，木材纤维原料比重已达90%，而我国还不到10%。由此可见，世界造纸业之所以发展到今天这样的生产和技术水平，一个重要的原因就是大力发展木材原料的制浆造纸。

造纸工业和林业关联性强，互为依存、相互促进。长期以来，我国造纸工业和林业分属不同部门管理，由于产业间未实现有机结合，纸业发展受林业制约，林业也不能实现良性可持续发展，木材供应越来越不能适应国民经济发展的需要。

我国纸浆的产量和质量远低于世界水平，直接影响我国造纸工业的健康发展。根据国际造纸业发展的经验和趋势，应站在战略高度去研究我国造纸原料结构，并加快调整造纸原料结构，把造纸原料结构尽快转到以木材纤维为主的基础上，跟上林纸一体化和纸业现代化大生产的国际潮流。

纸和纸板的消费水平是衡量国家现代化水平与文明程度的重要标志。经济发达国家基本上都拥有发达的造纸工业。我国随着国民经济的快速发展，纸产品消费迅速增长，进口增加，为造纸工业发展提供了广阔市场，造纸工业可培育成国民经济的重要产业，成为经济新的增长点。

二、我国纸浆造纸的木材纤维原料存在的问题

我国已成为世界造纸工业生产、消费和进口大国，但造纸工业与世界造纸工业发达国家相比，差距很大，问题十分突出。

改革开放以来，我国造纸工业取得了巨大的发展，但人均纸张消

耗量仍然很低,远不能满足社会的需要。我国造纸工业必须有更大的发展,才能适应国民经济的发展和满足人民生活水平提高的需要。我国木材资源短缺,造纸原料将会越来越紧张,重视与开发我国韧皮纤维造纸原料是解决我国长纤维不足的捷径。由于韧皮纤维不是大宗产品,长期得不到行业的重视,致使我国特种长纤维制浆造纸厂的工艺技术落后,生产规模太小,无法解决污染问题,特种长纤维造纸厂已面临全行业关闭的危机。社会需要特种长纤维纸,国宝"宣纸"更需要发扬光大,我国古老的树皮制浆造纸不能在我们这一代绝灭,应引起重视。

目前,我国制浆造纸的木材纤维原料存在一些需要迫切解决的问题。

(1)木材资源特别是制浆造纸木材原料资源的严重不足,限制了造纸业的迅速发展。

我国林木种类繁多,虽然森林资源绝对量较大,但又是个森林资源相对贫乏的国家,第八次全国森林资源清查(2009～2013)结果显示,全国林地面积3.126亿hm^2,森林资源面积2.077亿hm^2,森林覆盖率仅为21.63%,天然林面积1.2184亿hm^2,人工林面积0.6933亿hm^2。人均占有森林面积少(居世界第121位),地域分布极不均衡,林龄结构不合理,可采资源不足。

(2)以木材为主要原料的中高档纸及纸板国内供给能力严重不足,需依赖大量进口,由于我国森林资源稀缺,制浆造纸企业所需的木材纤维缺口很大,每年都要从国外进口大量的纸浆及废纸。

从木材木质等方面来看,国外木材木质相对较好,因此木浆质量也相对较高。随着我国造纸产业结构的升级与消费者需求的提升,对于原材料的要求也逐步提高,而进口木浆由于质量较高,是生产高端纸品的首选。此外,出于环保考虑,我国对于林木砍伐方面限制较为严格。因此,历年进口木浆量占比较高。

由于依赖进口,2016 年四季度以来,进口木浆价格持续上涨,对中小造纸企业带来很大压力。2017 年 7 月,受禁止未经分拣的废纸(混废)进口政策影响,国内市场废纸价格大幅上涨,由此带动了木浆价格的上涨。截至 2018 年 6 月,国际针叶浆均价约 903 美元/t,自 2017 年初涨幅达到 48.4%;国际阔叶浆均价约为 793 美元/t,自 2017 年初涨幅达到 51.3%;目前进口木浆价格已涨至历史高位。同时,国内木浆价格自 2016 年底起也持续上涨,虽 2018 年有所回落,但仍处于历史相对高点。具体来看,截至 2018 年 6 月,国内针叶浆价格约 6 473 元/t,自 2016 年四季度至今涨幅达到 41.8%;国内阔叶浆价格约 5 727 元/t,自 2016 年四季度至今涨幅达到约 41.4%。

随着国内需求增加,纸浆进口量逐年递增,消耗大量外汇资金,成为我国第二大外汇用户,给我国进出口平衡带来无法承受的压力。由于进口纸浆及废纸受国际市场供求关系的影响很大,且木材纤维原料(木浆)的价格需求弹性小,易使纸产品的价格产生很大波动,这在一定程度上削弱了企业的成本优势,使得我国造纸企业和产品的国际竞争力差,难以满足国内市场对高档造纸产品不断增长的需求。

近 30 年来,由于世界各国能提供造纸用的针叶树数量普遍迅速下降,纸价不断上涨,因而许多国家都在寻求开发利用阔叶木浆。我国造纸工业同样面临着木浆特别是长纤维木浆严重短缺的问题,因此充分培育和利用长纤维韧皮纤维原料就显得十分必要。

(3)针叶材造纸比重大,阔叶材比重小。

我国以木材为原料的制浆造纸业,在传统上是以针叶材作为主要的纸浆材(北方以落叶松为主,南方以马尾松为主),生产成本高,它在压缩林业用地、降低林地投资、减少资金占用、早出材、早受益，以及自我积累、自我发展能力等方面，都大大落后于以“北杨南桉”为代表的阔叶材，提高了木材纤维的生产成本。

三、改善我国制浆造纸木材纤维原料现状的途径

当前，根据我国国情和林情，总结和借鉴国外造纸纤维原料的现状与发展趋势，改善我国造纸木材原料供应不足和落后状况的主要途径有以下几方面。

(1)实行林纸一体化，走可持续发展道路，降低木材纤维原料成本。

世界造纸工业今后的发展仍主要依赖于木材纤维，而提供木材纤维主要靠人工林。利用生物技术成果，集约经营，依靠人工林完全可以满足造纸工业对木材纤维的需求，生产出各种优质纸张产品，人工林将是提供造纸工业用纤维原料的主要来源。除极少数国家和地区外，世界各国无不重视发展人工林，其中依靠人工林发展制浆造纸工业卓有成效的有美国、南美各国、南非、新西兰、葡萄牙等国。

我国推进“林纸一体化”就是根据可持续发展战略的理论，将纸业的发展与环境资源问题统一，并谋求同步发展。林业经营者从营造纸浆材速生丰产林中获得直接经济效益，一部分用来提高自己的生活水平，一部分用于补偿消耗的资源，扩大再生产，以谋求更大的收益，最终实现木材资源的永续利用，达到社会所需要的生态效益。纸业通过与林业的结合，获得优质、稳定、廉价的原料，从而提高产品的质量和档次，降低生产成本，取得较好的效益，进一步支持林业的发展。

世界上林纸产业发达的国家(如美国、加拿大、挪威、芬兰、瑞典

等)都是采用林纸结合的,这是他们保证造纸原料供给和企业竞争力以及可持续发展的主要手段。20 世纪 90 年代以来,印尼、泰国和日本的外商纷纷在我国南方大规模投资植树造林,以生产用于制浆造纸的木材原料,以保障将来纸浆原料供应充足。这一事实说明,营造人工林生产造纸原料,可获得较好的经济效益。

(2)节约能源,合理利用原料,降低能源成本。

据统计,一棵树中,树枝、树根占全树总生物量的 20% ~30%,如山杨,树枝占 12% ~13%,树根占 11% ~16%;桦木,树枝占 5% ~14%,树根占 12% ~16%。故有资料认为,全树削片利用,可提高木材利用率 30% ~35%。据试验,树根含纤维量比树干稍低,灰分及木质素含量则略高,但仍可满足制浆造纸的需要;针叶材的树枝和根的纤维形态具有针叶材原料纤维的基本特点,更值得尽量利用。世界造纸大国如美国、加拿大、瑞典、芬兰,森林资源均十分丰富,但对资源的浪费已减少到最低的程度,从选择树苗到种植、制浆、造纸形成了一条龙工业体系,对每一棵树的合理利用全部实行了智能化。长期以来,我国林区采伐树木时都不注意树枝和树根的利用问题,既造成大量林木资源的浪费,又污染了林区的生态环境。因此,对树木的全树制浆值得宣传和提倡。

(3)增加阔叶材造纸比重,提高营林产出,进一步降低木材纤维成本。

阔叶材比重较小,材质松白,纤维素含量较高,具有易蒸煮、易漂白、易打浆等特点,同时还赋予纸页高松厚度、高不透明度、高均匀度、高柔软度、高吸收性的优良性能。同时,阔叶木的灰分含量低于草浆,且不含硅,对化学浆蒸煮黑液的处理比较容易。因此,阔叶材是造纸工业发展极有前途的原材料。由于阔叶木浆在配抄文化印刷用纸以及生活用纸等方面所显示的优越性,致使阔叶木浆在我国也有了新的发展。阔叶木纸浆材原材料的营建和发展,将为我国逐步由草浆造纸过渡到木浆造纸带来希望。

此外,阔叶树容易栽培、速生丰产,大规模营建以阔叶材为主要树种的速生丰产林,运用集约经营方式实现"速生"、"优质"和"丰产"的目标,可在短期内改变我国现有人工林低产、低效的状况,提高木材纤维原料的人工林数量,缓解目前制浆木材原料短缺的局面,并将使造纸用材的价格降到有竞争力的水平,促进我国制浆造纸行业的结构调整和发展。

第八节　发展纸浆林的必要性和营造纸浆林的发展趋势

一、发展纸浆林的必要性

(一)环境保护的需要

草浆造纸过程中,产污量大,且治污困难,有些问题在目前技术条件下难以解决,这就是多年来我国造纸业一直是污染大户的根本原因。近年来,政府从维护国土生态环境的大局出发,关闭了很多治污难以达标的造纸厂,环境污染持续恶化的势头初步得到了遏制。但受草浆造纸工艺所限,治污问题并未得到彻底解决。草浆造纸黑液发热值低,为顺利燃烧,必须配备油枪,增加了治污成本,且现有技术碱回收率只有50%多,不仅造成大量碱的流失,而且污染了水体,影响了环境;而木浆造纸黑液发热值高,不需油枪就可正常燃烧,且碱回收率98%以上,加上现代技术,几乎可以达到无污染排放。所以,用木浆代替草浆造纸是促进环境保护,少污染,直至向无污染方向转变的必由之路。

（二）保护和发展民族工业的需要

造纸技术是我国古代四大发明之一，但近年来我国却因造纸原料的落后而落后于世界。造纸是我国各省不少地方的支柱产业和利税大户，为发展经济立下了汗马功劳。然而，85%以上的草浆纸无法使产品质量上档次而只能在低水平上徘徊，效益每况愈下，同时又因污染问题突出而受到政府限制。在此背景下，国外纸大量进入国内市场，抢占市场份额，使这一民族工业处于夹缝中生存的极为不利的地位。如果不尽快扭转这种局面，不仅使行业萎缩，无法参与市场竞争，而且会给经济和社会就业带来负面影响。

（三）调整林业产业结构的需要

20世纪90年代以来，林业分类经营的呼声日高，得到业内的普遍认同并逐步付诸实施。其核心就是将森林划分为生态公益林和商品林分类经营，建立完备的生态体系和发达的产业体系。而造纸工业原料林就属于商品林中的短轮伐期用材林，其要求是在立地条件好、不影响生态效益的前提下，选择速生树种，定向培育，采取集约化和规模经营，在较短时间内生产出符合工艺要求的大量工业用木材。这样，既可以有效地减轻对天然林采伐的压力，保护珍贵的天然林资源，维护生态平衡，又促进了林业产业结构的调整，提高了土地利用率，增强了林业经济活力，促进了林业产业化进程，实现了可持续发展。

二、营造纸浆林的发展趋势

随着生产技术的不断发展，工业对木材和林产品提出了新的要求，尤其对人工林培育，产量要高、质量要好、轮伐期要短。各类用材的定向培育，是世界（工业）人工林发展出现的战略变化，最新的趋势是短轮伐期林业和超短轮伐期(伐期 1 ~3 年)林业。要想在短期内培育出大量的纤维用材,唯有采用高密度超短轮伐期林业栽培技术。

大力发展杂交构树产业,顺应了发展绿色经济、生物产业战略的趋势,可促进"生态建设产业化,产业发展生态化",具有良好的生态效益、经济效益和社会效益,是一种具有很好发展前景的树种。提高构树的综合利用价值,将林业、工业、农业有机结合,实现物尽其用,建立良好的生态关系。杂交构树是一种通过杂交育苗的方式培养的造纸新材种,采用高密度栽植技术,一年可成材。杂交构树这种超短轮伐期树种的开发利用对于弥补我国造纸原料的不足,促进我国造纸工业的发展必将起到积极的作用。

根据国家林业局《重点地区速生丰产用材林基地建设工程规划》,从 2001 ~2015 年,分 2 个阶段 3 期,经过 15 年的努力,将在 18 个省区内,以高投入、高产出、高度集约化经营,企业化、市场化、商品化的模式,建设 1 333 万 hm^2 速生丰产用材林基地,其中包括 586 万 hm^2 的纸浆材基地。当前,纸浆原料林基地建设正在全国各地快速发展,造纸行业的植树造林形势喜人,正在走向一个欣欣向荣的新阶段。

三、营造纸浆林的重要性

营造纸浆林,选择正确的树种是成功的关键,也是林业研究不变的重点。与此同时,优良的树种必须赋予高效的经营管理措施才能充分发挥树种的潜力和优势。纸浆林营造和培育中,选择适宜的树种是经营的首要任务,这样不但能获得经济效益,更是发挥林地生产潜力的重要措施。选择纸浆林树种时,既要根据树种本身的生物学和生态学特性,又要符合造纸工业的特点和植物纤维的特征,选择综合价值高且适宜本地区生长的树种。为此,在树种选择时必须遵循适地适树、纸浆性能优良、速生及抗逆性强等原则。

可用于营造速生纸浆林的优良树(品)种很多,而目前真正利用并且形成产业化的树(品)种较少,究其原因,除了放弃适地适树原则而“跟风”,很重要的原因还是科研与生产的脱节。很多优良的树(品)种还只停留在科研单位的实验室,或是还处于试验示范阶段,没有得到及时推广和应用。因此,加强产学研联合,加快科研成果的转换速度,开发和扩大优良树(品)种的应用范围,对提高我国速生纸浆林的整体水平至关重要。

第九节　林纸一体化发展的必要性

目前我国的木材工业严重不足,常规的木材生产模式包括所谓的速生丰产林,无法在较短的时间内满足我国对木材的供应,能不能在最少的土地上,以最短的时间,培育出最大量的且能够满足产品质量要求的木质纤维原料,是我国林业和造纸工业能否进行跨越式发展的关键,也是我国林纸一体化必须走的创新之路。

一、造纸工业基本情况及存在的主要问题

2018 年中国造纸协会发布《中国造纸工业 2017 年度报告》,报告中指出:据中国造纸协会调查资料,2017 年全国纸及纸板生产企业约 2 800 家,全国纸及纸板生产量 11 130 万 t,较上年增长 2.53%;消费量 10 897 万 t,较上年增长 4.59%,人均年消费量为 78 kg(13.90 亿人)。2008 ~ 2017 年,纸及纸板生产量年均增长率 3.77%,消费量年均增长率 3.59%。

2016 年我国木浆生产总量 1 005 万 t,较 2015 年增长 4.03%,其中阔叶浆产量 545 万 t,针叶浆产量 3 万 t,本色浆产量 30 万 t,机

械浆427万t;非木浆591万t,较2015年降低13.08%。2016年我国木浆进口总量1 881万t(不含溶解浆),同比增加6.2%。其中针叶浆进口量804万t,同比增长9.99%;阔叶浆进口量834万t,同比增长5.44%;机械浆进口量173万t,与去年持平;本色浆进口量65万t,同比增长16.71%。

据国内各类纸浆生产量以及各类纸浆进口量,得出可用于造纸的各类木浆消费总量为:针叶浆807万t,阔叶浆1 379万t,机械浆600万t,本色浆95万t,所有木浆合计2 881万t;非木浆591万t。

根据造纸工业协会数据,2017年全国纸浆消耗总量10 051万t,较上年增长2.59%。木浆3 152万t,占纸浆消耗总量的31%;其中进口木浆占21%、国产木浆占10%。进口木浆消耗量达到2 112万t(扣除溶解浆,实际消耗量口径),进口木浆占比达到67%。自2006年至今,我国进口木浆消费量占比基本在60%以上,我国木浆进口依存度较高。与庞大的需求相比,我国供给能力有限,2017年,国内木浆生产量仅为1 050万t,缺口达2 102万t,不得不通过进口来满足市场需求。

二、造纸工业基础

我国造纸工业发展虽然存在着诸多问题,但经过多年的发展,已基本建立了比较完整的造纸工业技术研发、装备制造、产品生产和市场销售等体系,特别是近10年来,随着国民经济的快速发展,我国造纸工业巨大的市场容量和发展潜力已成为拉动我国造纸工业发展的重要动力,国际造纸跨国公司的进入和我国造纸工业大力引进国际先进技术,有力地推动了我国造纸工业的发展。目前,我国造纸工业已经具备从世界纸产品消费大国向世界造纸强国转变的现实基础。

三、林纸一体化进程中存在的问题

(1)企业建设投融资渠道不畅。

目前可用于林纸一体化建设的专项资金少,项目建设资金以贷款(国内贷款渠道主要是国家开发银行和中国农业银行)和地方投资为主,特别是工业原料林基地建设项目贷款纳入国家商业银行管理,完全按照商业银行模式运作。由于林业项目周期长,加之信贷扶持政策不明朗,贷款担保条件过于苛刻,商业银行对项目的审批周期过长,严重制约着项目建设进程。

(2)原料林基地建设以政府推动和社会造林为主,企业自有林比例明显偏低。

现有的原料林多是以各级政府的推动下农民自发营造的,目前的情况是企业和林业各自独立,两者之间缺乏有机的经济联系和经济上、法律上的约束机制。如果本地林纸企业再不介入,与农民签订收购合同,一方面将会导致农民会担心将来木材的出路,大大挫伤农民继续营造原料林的积极性;另一方面,如果外省企业捷足先登,率先与农民签订收购合同的话,本地林纸企业将面临有厂无原料的尴尬局面,后果不堪设想。据有关资料显示,世界上知名林纸企业自营林比例一般都在60%以上,如印尼金光集团(APP)就高达80%。

(3)原料林基地建设资金严重不足。

各地在项目运作先期,其原料林基地建设多靠政府推动、地方财政补贴和农民投劳进行。但随着制浆工程的全面启动,原料林基地建设任务不断加大,基地建设将面临巨大的资金困难。由于连续几年政府在原料林基地建设方面投资较多,政府财政补贴资金越来越难以筹集;另一方面作为六大工程之一的速生丰产林基地建设,国家一直没有任何资金扶持,没有专项经费,地方政府和林业部门都不堪重负,严重制约着林纸一体化建设的进程。

(4)现有原料林管理水平不高,树种单一,抗拒自然灾害和病虫害能力差。

从河南省已营造好原料林基地来看,除少量林分外,绝大多数林分管理水平不高。按照设计要求,杨树造纸原料林年平均蓄积生长量应达到 1.2 ~ 1.5 m^3/亩,而实际只有 0.8 m^3/亩。普遍存在单一树种、单一品种大面积连片栽植现象,缺乏必要的树种混交或品种间混交,作为主栽品种的杨树无性系数量不够,同时也没有设置其他阔叶树种的保护行。

四、林纸一体化发展的重要意义

林纸一体化发展是国际上造纸工业及林业发达国家的普遍做法。制浆造纸企业以多种形式建设速生丰产原料林基地,并将制浆、造纸、造林、营林、采伐与销售结合起来,形成良性循环的产业链,使纸业和林业得到了较快发展。借鉴国外这一成功经验,加快发展木浆造纸,营造速生丰产林,走林纸一体化发展道路,是我国发展现代造纸工业和林业的必由之路,具有重要的战略意义。

林纸一体化就是打破过去林纸分离的传统管理模式,以市场需求为导向、以造纸企业为主体,通过资本纽带和经济利益将制浆造纸企业与营造造纸林基地有机结合起来,建设造纸企业和原料林基地,形成以纸养林、以林促纸、林纸结合的产业化新格局,实现经济效益、生态效益、社会效益的统一,促进经济可持续发展。这也是国外制浆造纸工业发展的成功经验。

一是有利于实现造纸工业结构调整和产业升级。实现造纸工业木材原料供应由自然状态向集约化、高科技化和基地化方向转变，将从根本上解决长期困扰我国造纸工业发展的问题。

二是有利于形成以造纸工业为龙头的产业链。造纸企业建设原料基地，实现林、浆、纸产业链的有机结合，将会充分调动造纸企业、林场和农民造林的积极性，形成制浆造纸、植树育林的良性循环。

三是有利于调整农业种植结构，增加农民收入和就业机会。将林纸一体化工程建设与退耕还林、退田还湖和速生丰产林建设等结合起来，是解决“三农”问题的有效办法。

四是有利于改善生态环境。采取高科技手段，大规模营造速生丰产造纸林，并实行轮伐轮作，有利于保护植被。

五是有利于节约用水、保护环境。国际上化学木浆生产，吨浆耗水 30 t 以下、COD 排放量 30 ~ 50 kg；我国化学草浆生产，吨浆耗水高达 200 t、COD 排放量达 1 350 kg 左右。因此，发展木浆造纸，采用先进的制浆造纸技术、污染治理技术和节水措施，将大大减少水资源消耗和污染物排放。

五、关于发展林纸一体化的一些建议

（一）多种形式的林纸一体化

关于林纸结合的形式，我国林纸结合已经走过 40 多年的历程，取得了一定的经验，现全国已有 20 多家造纸厂建有人工林基地，但因种种原因，发展缓慢。根据我国目前的经济体制，林纸结合的形式仍应因地制宜，实行多种形式的林纸结合，以期达到推动林纸共同发展的目的。

一是造纸企业自办林场，由纸厂所在地政府划出一定数量的国有荒山、疏林地和林场，交由工厂直接经营管理，林场作为纸厂的

“第一车间”。

二是造纸厂与林场联营，即纸厂负责资金，林场提供林地，定向培育人工林。

三是以造纸厂为依托，组建林纸股份有限公司，即把不同所有制的资金、林地、林木、管护等生产要素折价入股，组成统一的资产一体化管理，具有法人资格的经济实体，做到利益共享、风险共担。从理论上讲，林纸结合好处已经得到肯定，国外有成熟经验，但理论不能脱离实际，只要我们一天不制定坚决的，并且是可供操作的方案，林纸结合就难以取得实效。为此，地方政府必须加强综合协调，以林纸结合中所涉及的方针政策、发展规划，以及财政、税务、土地等工作进行统筹、协调和监督，真正帮助、指导林纸两个部门联手合作，使林纸结合工作顺利发展。

（二）关于加快造纸原料林基地建设的建议

（1）国家应把发展造纸原料林作为林业发展规划的一个重要组成部分，应放宽政策，加大投入，依靠科技，实行科学管理，以纸业和林业为龙头，带动速生丰产林的产业化建设，实现林纸良性循环发展，为纸（浆）厂提供优质、低价的原料。

（2）林纸一体化涉及工业、农林、财税、土地、水利、环保等部门，情况复杂，政策性强，难度较大，地方部门和各机构应对企业在资金、税收等方面给予相应的优惠政策，消除不必要的中间环节，大力支持其发展，使林农得到实惠，企业能够承受，提高营林、造林的积极性。

（3）为尽快与国际接轨，必须加快发展我国木材造纸，制浆造纸企业要努力培养林业方面的管理与技术人才，以适应林纸一体化的要求。

（4）为加快我国以木浆为基础的现代化造纸工业，需要巨额资金投入,国家应对造纸专用林基地设立专项开发资金,并支持、鼓励境外厂商投资于林业和纸业,放宽投资条件,允许长期租用土地,采取多种投资、融资形式,为林纸企业创造宽松的投资环境。

(5)要依靠科技进步发展多树种造林,做到适地适树,促进人工林持续发展,要把良种壮苗放到突出位置,认真抓好;要加大科技力度,重点抓好优质高产纸浆材新品种的选育技术、短周期造纸用材林定向培育技术以及人工林病虫害防治技术。各企业应根据地区具体情况以及制浆工艺和产品方向选择树种。企业要与科研部门、大专院校经常交流,加强合作,使造纸企业原料林达到优质、速生、丰产的目标。

(三)前景和展望

摆在林业与造纸工作者面前的紧迫任务,可以说任重道远,前景广阔。我国造纸业具有较大的市场发展空间,对制浆造纸木材纤维的需求量将进一步加大,对木材资源短缺和木材纤维原料不足的现状提出了更大的挑战。国内市场对纸品和纸张的需求逐年递增,国际市场对中高档纸品需求的扩大,我们相信,通过各方面努力,我国的造纸工业必将成长壮大,让我们为造纸事业做出应有的贡献！人工林政策造纸工业发展必须以木材纤维原料为主,我国具备发展木材纤维原料造纸的资源条件,只要坚持走林纸结合的道路,促进我国造纸业的技术进步和品种的优化升级,加快造纸专用人工林建设,造纸所用的木材纤维原料一定会有突破性的发展。

第四章　构树菌用

第一节　构树菌用的历史

构树木材用于栽培食用菌的记载,古已有之。唐代苏恭等所著的《唐本草经》中就有这样的记载:“桑、槐、楮、榆、柳,此为五木耳。煮浆糊安猪木上,以草覆之,即生蕈尔。”这里的褚木即构树。“树先樗栎大,叶等桑柘沃。”(《宥老楮》),苏东坡在诗里表达了对构树的一片喜爱之情。构树,有浓荫,有丹果,又有黑木耳,可观赏,可造纸,还可做烧柴……老构树皮上生长木耳,古人称为“楮鸡”。古诗文中,它常被拿来对比其他鲜美食物,黄庭坚《答永新宗令寄石耳》时说:“雁门天花不复忆,况乃桑鹅与楮鸡。”杨万里赞《蕈子》滋味时说:“菘羔楮鸡避席揖,餐玉茹芝当却粒。”

第二节　发展构树菌用的必要性

我国作为世界上最大的食用菌生产、消费和出口国,食用菌产业具有广阔的发展前景。食用菌栽培经历了庭院经济、特种蔬菜种植、小规模集约化等发展阶段,现已进入高度集约化的工厂化生产阶段,其中袋料栽培技术奠定了工厂化生产的基础。

随着人们对食用菌营养保健价值的认可和工厂化生产技术的日趋成熟,食用菌产业正步入快速发展阶段,但随着产业规模的扩大,栽培原料需求量大幅增加，价格逐年上涨，出现供不应求的局面，严重制约了产业的发展。因此，开展构树食用菌栽培资源化利用研究，实现构树资源高附加值利用，一方面，可以促进农村及城郊环境保护，为农民增收提供新途径；另一方面，可在一定程度上缓解食用菌栽培原料紧缺状况，降低食用菌生产原料成本，有效促进食用菌产业的可持续发展。

构树作为阔叶落叶乔木，其野生资源量巨大且分布广泛，人工培育的杂交树种也得到了大规模的试点种植；构树环境适应性极强，扦插、播种均可繁殖，成树周期短。研究表明，构树木屑作为培养基质在食用菌栽培中的应用，一方面拓展了构树资源的利用范围，另一方面一定程度上降低了食用菌生产成本，缓解了食用菌栽培原料供不应求的局面。

第三节　国内对构树菌用的研究现状

吴金雷（2014）对野生构树木屑营养成分进行了测定，并与本地常用食药用菌栽培料杨树木屑、杂木屑营养成分进行了比较，结果表明，野生构树木屑水溶性糖含量 8. 37%，纤维素含量 52. 70%，半纤维含量 29. 70%，木质素含量 18. 76%，总有机碳含量 52. 09%，全氮含量 0. 47%，粗灰分含量 4. 43%；与常规的栽培基质杨树木屑和杂木屑相比，构树木屑水溶性糖、全氮含量、粗灰分含量以及易被分解利用的纤维素、半纤维素含量较高，木质素含量偏高于杨木屑，显著低于杂木屑；从营养组分含量来说，构树木屑是一种适宜的食药用菌栽培原料，并研究了栽培基质配方中构树木屑添加比例对不同食用菌菌丝生长的影响，如：灵芝、白灵菇、杏鲍菇、平菇。对构树木屑栽培基质配方进行了优化，并与以杨树木屑为主料的栽培基质进行了对比栽培试验，结果表明，棉籽壳中添加20%～37%的构树木屑能够促进灵芝菌丝生长；与杨树木屑常规栽培配方相比，采用构树木屑37%、棉籽壳43%、麸皮19%、石膏粉1%的栽培基质配方栽培灵芝，菌丝洁白健壮，子实体菌盖宽大肥厚，产量提高18.12%，灵芝多糖含量提高9.82%；以构木屑为主体的栽培基质中添加20%～40%的棉籽壳有利于白灵菇菌丝生长，生物转化率达到41.3%～44.6%，与纯棉籽壳基质的45.8%相近，显著高于纯构树木屑和杂木屑基质；添加构树木屑39%～65%的培养基质有利于杏鲍菇菌丝的生长和子实体的形成，菌丝浓白、健壮、整齐、生长快，第一茬菇的生物转化率达到54.35%～59.17%，略高于纯棉籽壳的基质，明显高于杂木屑基质的42.3%；以构树木屑为主料的基质用于平菇栽培，菌丝洁白健壮，发菌速度快，污染率低，生物转化率达到105.77%～110.20%，显著高于杂木屑栽培基质，且菇体外观品质好；添加一定比例麸皮有助于平菇菌丝生长，添加一定量的玉米粉能显著提高平菇产量。

吴金雷(2014)以构树木屑和杨树木屑作为灵芝代料栽培进行了对比试验，结果表明，在营养成分方面与杨树木屑无太大差别，代料栽培对比试验进一步验证了构树木屑代料栽培灵芝的可行性。构树木屑代料栽培灵芝，菌丝发育稍迟缓，但菌丝健壮，各生长阶段同比杨木屑栽培延时1周左右；子实体外观规则整齐，色泽鲜亮，菌盖厚实，产量和灵芝多糖含量分别比杨木屑代料栽培高出18.12%、9.82%。构树木屑代料栽培时灵芝菌丝萌发稍迟，后期伸长速度稍慢于杨树木屑代料栽培，现蕾及采收时间都略迟，整体栽培周期延长1周左右。但在菌丝健壮程度方面，构木代料栽培菌丝洁白、粗壮，抓料紧,但伸展不整齐;杨树木屑代料栽培菌丝稀疏,略显淡黄,吃料无力,菌丝发育整齐。产生上述差异的原因可能是灵芝菌丝体对构树木屑营养成分的吸收稍缓慢。从菌丝发育的情况看,构树木屑营养供给能力强于杨树木屑,以致菌丝长势健壮、茂盛。

张健(2016)等发明了一种利用构树栽培食用菌的栽培料及其栽培方法,即把构树木屑、构叶、构果与棉籽壳、麦麸、石膏粉、石灰粉按照一定的比例与水混合配制成培养基,经分装、灭菌、接种、培养后进行栽培管理,分别培育糙皮侧耳、凤尾菇、鲍鱼菇、姬菇、金针菇、猴头菇、黑木耳等食用菌。该发明配方合理,培养出的食用菌营养丰富,含有构树中多种活性成分,具有一定的保健价值,可满足现代人对绿色保健食品的高品质追求,拓展了构树资源的利用范围;制作方法简单易学,便于推广;原料来源广泛,成本低廉,利于工厂化生产;缓解现用食用菌栽培原材料短缺,资源承受能力有限等矛盾。

第四节 构树菌用发展前景

目前,我国食用菌袋料栽培原料多以阔叶树木屑为主,辅以棉籽壳、麦麸、玉米芯、秸秆等。近年来,随着食用菌产业规模不断扩大,加之土地和林木资源的短缺,栽培原料供不应求,价格应势而起,很大程度制约了食用菌产业的健康发展,加之食用菌人工栽培技术及工厂化生产日趋成熟,导致食用菌价格大幅下滑,利润空间越来越小,从而严重制约了食用菌产业的发展。因此,寻找新的可利用原料资源是解决产业发展瓶颈的关键。

构树植株可用于绿化、水土保持、土壤改良,鲜树叶可作为天然有机饲料,树皮可入药、造纸、纺纱,果实可药用、食用,根亦可入药,木质部可用于造纸、板材等。构树木屑可取代棉籽壳以及其他木屑材料，实现灵芝高产优质栽培，可以预见，构树木屑完全可能在食用、药用菌栽培中得到广泛应用，结合构树资源其他多方面的应用，可有效构建构树资源生态发展体系，形成集景观种植—生态改良—饲料加工—养殖—制药保健—食用菌种植为一体的可持续综合发展模式，此模式用于山区、滩涂、盐渍荒漠等地区，将更加凸显其生态效应和经济效益。

第五节　发展食用菌原料林的必要性

木生食用菌的生产是森林生态系统经济功能的体现，是把林业资源转化为商品经济的一个重要途径，长期以来，我国有些林区利用森林资源优势和自然环境优势，大力发展以香菇、木耳为代表的木生食用菌生产，形成传统的产业，如今已有不少贫困县、乡把发展食用菌生产作为重点脱贫项目，显示出其应有的地位。但是由于缺乏必要的宏观管理与科学的全面规划，在大力发展木生食用菌生产的同时，其原料树种常绿阔叶树资源遭到破坏，森林资源的利用与再生的矛盾已越来越突出，甚至一些乡村菇农只顾种菇，不顾采伐限额。乱砍滥伐阔叶林木，连中幼林和一些村庄、公路旁的绿化树也不能幸免。这种急功近利、竭泽而渔的做法，既断了木生食用菌生产的后路，也给森林生态带来严重的后果。要解决这一矛盾，必须走人工培育木生食用菌原料林的路子，实行短期轮伐，以保证菌材资源的永续利用和木生食用菌生产的可持续发展，做到林菌双旺，尤其在国家做出“禁伐天然阔叶林”的决定后，人工培育食用菌原料林更是迫在眉睫。

由于食用菌原料林生长周期长、成材慢、投入成本高，且现有天然林资源日益锐减，发展食用菌受到严重制约，但许多地方领导只考虑眼前利益，在阔叶树资源严重不足的情况下，仍然大力发展食用菌生产，只重视食用菌的产量，不考虑资源的承受能力，盲目发展，甚至有些地方行政领导以多收税费、解决财政困难为目的，对菌农原料来源不闻不问，造成盗伐阔叶树资源现象愈演愈烈，大量的天然林资源遭到破坏，甚至有些菌农以牺牲阔叶树幼林为代价来换取眼前微薄的经济利益。许多经过几代人的努力，花了大量的人力、物力、财力才封育起来的天然林变得面目全非，森林生态环境日益恶化，人们赖以生存的生态环境受到严重威协。因此，发展食用菌的量与度应适当，各级领导在制定经济战略时，应根据当地实际情况深思而后行。

第五章　构树食用

第一节　构树食用的历史

构树为雌雄异株的高大落叶乔木，是典型的风媒传粉植物，雄花序下垂，雌花序有梗。雄花序为葇荑花序，粗壮，长 3 ~ 8 cm，苞片披针形，被毛，花被 4 裂，裂片三角状卵形，被毛，雄蕊花药近球形，退化，雌蕊小；雌花序球形头状，苞片棍棒状，顶端被毛，花被管状，顶端与花柱紧贴，子房卵圆形，柱头线形，被毛。构树穗即为构树雄花序。花期为 4 ~ 5 月，果期 6 ~ 7 月。清代初年陈淏子编著的《花镜》上说："雄，皮斑而叶无椏杈，三月开花，即成长穗，似柳花而无实。雌，皮白，中有白汁如乳，叶有椏杈，似葡萄，开碎花，结实红似杨梅，但无核而不堪食。"雌树椹果球形，熟时橙红色或鲜红色。称其为"楮桃子树"。

野生构树的花、叶以及果实均可食用，几千年来一直是人们喜爱的美味佳肴。三国时期陆玑所著《毛诗草木鸟兽虫鱼疏》写道"其叶初生可以为茹"，意思是说刚长出来的构树嫩叶可以食用，这说明了三国时期的百姓就知道可以食用构树嫩叶。构树嫩叶营养丰富，《本草纲目》里有详细介绍："……楮谷乃一种也，不必分别，惟辨雌雄耳。雄者皮斑而叶无椏杈，三月开花成长，穗状如柳花状，不结实。歉年人采花食之。雌者皮白而叶有椏杈，亦开碎花，结实如杨梅，半熟时，水澡去子，蜜煎作果食。"说明人们除食用构树的嫩叶外，还采构树的花、果实来食用,花主要指的是构树的雄花序。

构树雄花穗下垂,与春季刚刚绽放的绿叶同时冒出,长大后绿叶间挂着满树吊穗,随风摆动。成熟后的花粉,借助风力,像一股“烟”,飘落在雌花球伸出的柱头上,使之结出甜美的果实。构树的雄花穗,可以油炸、炒食、蒸菜、凉拌、做馅等,是民间普遍喜食的一种野生蔬菜,每年春季在各地的农贸市场常有出售。构树雄花序裹一层面粉蒸熟,蘸酱油蒜泥,是餐桌上不可多得的美味佳肴。构树的果实在秋季成熟,可直接食用,味道酸甜,含氨基酸等有效成分,具有良好的药用和食用价值,但需除去灰白色膜状宿萼及杂质。

第二节　构树各部位的营养分析研究

周峰(2005)对构树地上不同部位的氨基酸成分进行分析。构树各部分包括果实、叶或花序、聚合果中检测出了17种氨基酸,分别是天门冬氨酸、谷氨酸、丝氨酸、组氨酸、酪氨酸、甘氨酸、丙氨酸、精氨酸、胱氨酸、脯氨酸、苏氨酸、蛋氨酸、缬氨酸、赖氨酸、苯丙氨酸、异亮氨酸和亮氨酸等,其中7种为人体必需氨基酸(见表5-1)。以100 g干燥样品粉末计,楮实子、构树叶、雄花序、聚合果总氨基酸含量分别为12.44 g、24.35 g、15.88 g、11.94 g,人体必需氨基酸总量分别为3.92 g、9.95 g、9.70 g、3.27 g。对不同生长时期构树叶以及不同采收期的聚花果的游离氨基酸、含水率、浸出物含量测定结果表明,不同生长时期构树叶及果实的氨基酸含量存在显著差别,构树叶游离氨基酸含量以幼嫩叶初长时较高,这与古本草曾记载构树载嫩叶可食用,民间有的地方也有作食用或饲料,具有较高营养价值是相一致的。叶的氨基酸含量在果熟期则保持相对稳定,而株产量则达最高。构树聚合果氨基酸含量以 5 月初最高,随后随果实长大而渐渐降低,至 5、6 月果熟期氨基酸含量反而降低较多。

表 5-1　构树不同部位总氨基酸含量及组成

序号	氨基酸名称	含量(g/100 g)			
		叶	聚合果	雄花序	褚实子
1	天门冬氨酸(ASP)	2.55	2.84	2.08	1.50
2	苏氨酸(THR)*	1.07	0.39	0.29	0.36
3	丝氨酸(SER)	0.80	0.38	0.46	0.40
4	谷氨酸(GLU)	3.13	1.37	3.41	2.18
5	甘氨酸(GLY)	1.55	0.73	0.98	1.05
6	丙氨酸(ALA)	1.65	0.51	0.43	0.54
7	缬氨酸(VAL)*	1.63	0.57	1.08	0.68
8	蛋氨酸(MET)*	0.41	0.06	0.15	0.09
9	异亮氨酸(ILE)*	1.42	0.47	0.72	0.54
10	亮氨酸(LEU)*	2.50	0.70	1.06	0.91
11	酪氨酸(TYR)	0.87	0.47	0.33	0.40
12	苯丙氨酸(PHE)*	1.43	0.50	0.41	0.58
13	赖氨酸(LYS)*	1.49	0.58	1.14	0.76
14	组氨酸(HIS)	0.57	0.29	0.34	0.34
15	精氨酸(ARG)	1.50	1.30	2.65	1.74
16	脯氨酸(PRO)	1.57	0.65	0.31	0.30
17	胱氨酸(cys)	0.08	0.04	0.04	0.07
18	γ-氨基丁酸(GABA)	0.13	0.05	—	—
19	乌氨酸(ORN)	—	0.04	—	—
	总量	24.35	11.94	15.88	12.44
	人体必需氨基酸总量	9.95	3.27	9.70	3.92

注:* 为人体必需氨基酸。

林文群(2001)对构树聚花果的营养成分进行分析,结果表明,构树果实含有丰富的营养物质:氨基酸、糖类、矿质元素等成分(见表5-2、表5-3),其果实原汁含有丰富的可溶性糖类、蛋白质、氨基酸、维生素等营养成分,此外,种子含有丰富的脂肪油(40.28%),其脂肪油中人体必需的脂肪酸亚油酸的含量达85.42%,其聚花果、果实原汁、种子油具有开发利用的价值。构果含有种类齐全的矿质元素,人体必需且具有重要药理活性的微量元素Fe、Mn、Cu、Zn、Mo,果实里均含有。而且矿质元素的比例适当,高K低Na的特点明显,有毒元素Cd、As、Hg的含量较低。果汁中含有大量营养物质,可溶性糖和生理活性物质类黄酮的含量较高,而且含有较多的维生素和可溶性蛋白质,具有较高的营养价值。种子油组成以不饱和脂肪酸为主,总量达到90.69%,其中人体必需脂肪酸亚油酸的含量为85.42%(见表5-4),明显高于其他常见食用油:花生油(22.0%)、菜籽油(14.2%)、米糠油(34.0%)、香椿籽油(54.73%)、豆油(51.0%)、玉米胚油(54.0%)。因此,构果是一种富含维生素,矿质营养价值高的优良野生水果资源。在果汁、饮料、水果罐头等方面具有较大开发利用价值。

表5-2　构树聚花果氨基酸的组成含量　(单位:g/100 g)

氨基酸	含量	氨基酸	含量
天门冬氨酸(ASP)	0.891	酪氨酸(TYR)	0.504
苏氨酸(THR)*	0.342	苯丙氨酸(PHE)*	0.361
丝氨酸(SER)	0.437	赖氨酸(LYS)*	0.443
谷氨酸(GLU)	0.736	组氨酸(HIS)	0.149

续表 5-2

氨基酸	含量	氨基酸	含量
丙氨酸(ALA)	0.258	精氨酸(ARG)	0.438
脯氨酸(PRO)	0.764	色氨酸(TRP)	—
缬氨酸(VAL)*	0.030	甘氨酸(GLY)	0.536
蛋氨酸(MET)*	0.213	胱氨酸(cys)	0.596
异亮氨酸(ILE)*	0.854	必需氨基酸	2.456
亮氨酸(LEU)*	0.313	总氨基酸	7.865

注:* 为人体必需氨基酸。

表 5-3　构树聚花果矿质元素含量　　(单位:μg/g)

元素名称	含量	元素名称	含量
K	7.01×10^3	As	0.582
Ca	13.5×10^3	Hg	0.46
Mg	2.93×10^3	V	0.51
Na	9.61×10^3	Ni	0.90
P	23.5×10^3	Cr	1.64
Fe	523	Pb	0.80
Zn	129	Sr	4.53
Mn	73	Si	142
Cu	56	B	88
Al	671	Co	0.8
Ti	33	S	189
Cd	0.04	Mo	0.008

构果含有种类齐全的矿物元素，如人体必需且具有重要药理活性的微量元素 Fe、Mn、Cu、Zn、Mo 等。这些生物必需的微量元素对人体有直接的影响作用，并参与新陈代谢的过程。Mn、Mo 两种元素是多种癌细胞的克星，具有一定的抗癌作用；Fe 为人体合成血红蛋白所需；Zn、Cu 包含在许多金属蛋白和酶中。

表 5-4　构树种子油脂肪酸的组成及其含量

出峰时间(min)	脂肪酸	相对含量(%)
4.675	棕榈酸	7.35
6.782	硬脂酸	1.95
1.149	油酸	4.29
1.981	亚油酸	85.42
9.265	亚麻酸	0.98
	不饱和脂肪酸(UFA)	90.69
	饱和脂肪酸(SF)	9.30
	UFE/SF	9.752

构树种子油组成以不饱和脂肪酸为主。油脂中的不饱和脂肪酸以及人体所必需的亚油酸是评价油脂营养的两个重要指标，而脂肪油中不饱和脂肪酸和饱和脂肪酸的比值为 9.752，因此构树种子具有很高的营养价值。

构树雄花序中的营养成分质量分数、氨基酸种类和质量分数分别见表 5-5、表 5-6。结果显示，构树的雄花序具有较高的营养价值，其蛋白质含量丰富且品质优良，在众多的植物性食品中是比较突出的，与我国著名的山珍食品香菇、木耳、金针菜（粗蛋白质含量分别为 16.20%、10.60% 和 14.10%）相比，其粗蛋白质含量分别要高出 26.6%、93.5% 和 45.5%。从分析结果还可以看出，其氨基酸含量丰富而全面，除色氨酸外的 7 种人体必需氨基酸的含量占全部氨基酸的 35.5%，其中赖氨酸的含量达 1.03%，这在植物性食品中也是甚为可贵的。构树的雄花序之所以具有较高的营养价值，这与它含有大量的花粉有关。根据我们的测定，每 100 g 成熟雄花序可以产生 34 g 花粉（均以干重计）。

表 5-5　构树雄花序中营养成分的质量分数　（%）

样品	水分	灰分	粗蛋白质	粗脂肪	总碳水化合物	维生素 C	β - 胡萝卜素
鲜雄花序	86.4	1.67	2.79	1.20	7.94	36×10^{-3}	0.42×10^{-3}
干雄花序	0	12.28	20.51	8.82	58.38	267.71×10^{-3}	3.09×10^{-3}

表 5-6　构树雄花序中的氨基酸种类和质量分数　（%）

氨基酸	质量分数	氨基酸	质量分数	氨基酸	质量分数
天门冬氨酸	1.85	精氨酸	2.22	缬氨酸	1.00
谷氨酸	2.46	酪氨酸	0.57	赖氨酸	1.03
丝氨酸	0.78	胱氨酸	0.05	色氨酸	未测
组氨酸	0.37	脯氨酸	0.86	苯丙氨酸	0.88
甘氨酸	1.10	苏氨酸	0.70	异亮氨酸	0.79
丙氨酸	0.53	蛋氨酸	0.18	亮氨酸	1.36

尚未成熟的构树雄花序的含量及氨基酸成分与成熟花序相近。因此，取食其雄花序实质上也同时在食用花粉。各地群众习惯上都

是采食尚未充分成熟的幼花序，这除可以保持清香糯软的良好口感外，还因为此时的花粉外壁尚未充分增厚，有利于人体的消化吸收。值得指出的是，在构树资源十分丰富的地区提倡采食其幼嫩雄花序，还可以减少构树花粉的飞散，从而降低春季花粉过敏症的发生率，起到化害为利的作用。

第三节　构树花和果的开发研究现状

芦文娟等(2010)对构树雄花序的烘干温度进行了摸索，得出最佳烘干温度为50 ℃，分别对构树新鲜雄花序和干燥雄花序的一般营养成分进行了测定。结果显示，每100 g干燥构树雄花序中总糖含量为27.59 g，粗脂肪含量为8.60 g，粗蛋白质含量为39.63 g，总灰分含量为83.53 g，由此可见，构树雄花序是一种总糖含量适当、粗脂肪含量低、粗蛋白质和总灰分含量高，具有较高营养价值的花序。目前，人们都倡导食用低脂肪、高蛋白质、富含矿质元素和多种氨基酸的天然食品，因此构树雄花序可以开发成为一种优良的保健食品。

郭香凤等(1997)对构果原汁的某些理化特性进行了分析。构果原汁有较高的SOD活性，同时POD活性也较强，说明构果原汁具有一定的抗脂质过氧化能力。构果原汁为鲜艳的橙红色，最大光吸收在485 nm左右，几乎不含叶绿素，类胡萝卜素含量高达0.515 mg/100 mL。构果原汁口感甜度高，不酸，果汁的pH值为6.86，原果汁中可溶性糖含量(6 480 mg/100 mL)和生理活性物质类黄酮含量(1 330 mg/100 mL)较高，可溶性蛋白质含量(244 mg/100 mL)相对较低，对维持SOD活性具有重要意义。

构树果汁具有丰富的营养成分、爽心的口感及悦目的橘红色，可制成天然有机饮料。目前,国内外对构树的研究主要集中在系统分类、生物学特性、环境保护、栽培管理、育苗技术、化学成分分析、天然药物提取、药理作用、禽畜饲料开发、纤维素利用、逆境生理等方面,但关于构树果汁饮料加工及保鲜工艺的研究报道较少。构树资源丰富,生长快,挂果早,果期长,产量高,果汁加工成本低,附加值较高,如能合理利用,不失为贫困山区群众脱贫致富的一条新路子。

构果资源丰富,价格低廉,其聚花果及果实原汁含有丰富的营养物质,出汁率高,制备的果汁除具有鲜艳色泽、可口的风味等优良品质外,果汁还含有丰富的营养物质和生理活性物质,具有抗氧化、美容、健身、缓解疲劳、提高人体免疫力等功能,是优良的高维生素和矿质营养植物资源,是开发保健食品的好原料,具有较大的开发利用价值。

覃勇荣(2012)采集了当地城区及其周围野生的构树果实样品,用物理方法压榨果汁,得到52.21%的出汁率,测定了构树果实及其果汁的主要营养成分含量,结果发现,构树果实营养丰富,构树果实原汁的可溶性总糖、可溶性蛋白质、总氨基酸、维生素C和脂肪的平均含量分别为18.31%、8.52 mg/g、13.81%、50.89 mg/100 g、0.45%。为了探讨简便易行的构树果汁饮料杀菌保鲜方法,用热杀菌法对构树果汁进行了处理,通过正交试验检测处理过的构树果汁中的微生物总菌菌落数,得到的构树果汁杀菌处理最佳工艺条件为:料液比1∶2,加热温度100 ℃,灭菌时间15 min。

冯昕(2011)以构树果为原料开发了一种既保留乳酸饮料特有的香味,又添加构树果的营养和药用价值,集营养、保健、美味于一身的新型酸奶品种。以这样的工艺组合条件进行发酵时,生产出的酸奶无论是色泽、口感风味还是组织状态等感官品质都令人满意。

第四节　构树食用开发的前景

构树雄花序、构果、种子都含有丰富的营养物质，具有很高的开发利用价值。构树是一种耐旱、耐瘠、繁殖力强的速生树种，在我国各地均有广泛的分布，其树的蓄积量十分巨大。每年4～5月间，在雄株上产生的花序数量也十分可观。因此，推广采食构树的雄花序，不仅能为更多的人提供一种营养丰富的新品蔬菜，为产地增加一项新的经济来源，而且可以使构树这种具有多种经济用途的树种得到更多的关注和栽培利用。利用构树果实加工的天然果汁和酸奶，绿色、环保、健康、营养全面，是一种集营养、保健于一体的新型饮品和乳制品，具有较大的开发潜力和较高的推广价值，开发前景广阔。

第六章 构树饲用

第一节 饲料的定义及分类

一、饲料定义

饲料是指自然界天然存在的,含有能够满足动物所需的各种用途营养成分的可食成分。中华人民共和国国家标准《饲料工业通用术语》对饲料的定义为:能提供饲养动物所需养分,保证健康,促进生长和生产且在合理使用下不发生有害作用的可食物质。比较狭义的一般饲料主要指的是农业或牧业饲养的动物的食物。饲料包括大豆、豆粕、玉米、鱼粉、氨基酸、杂粕、乳清粉、油脂、肉骨粉、谷物、饲料添加剂等十余个品种的饲料原料。

二 、饲料的分类

(一)我国传统饲料的分类法

按养殖者饲喂时的习惯分类,可分为精饲料、粗饲料、多汁饲料;按饲料来源分类,可分为植物性饲料、动物性饲料、矿物质饲料、维生素饲料和添加剂饲料;按饲料主要营养成分分类,可分为能量饲料、蛋白质饲料、维生素饲料、矿物质饲料和添加剂饲料五类。

一般来说,只有植物饲料才被称为饲料,这些饲料中包括草、各种谷物、块茎、根等。这些饲料可以粗略地分为以下几类:

(1)含大量淀粉的饲料。这些饲料主要是用含大量淀粉的谷物、种子和根或块茎组成的。比如各种谷物、马铃薯、小麦、大麦、豆类等。这些饲料主要通过多糖来提供能量,而含很少蛋白质。它们适用于反刍动物、家禽和猪,但含太多淀粉的饲料不适用于马。

(2)含油的饲料。这些饲料由含油的种子(油菜、黄豆、向日葵、花生、棉籽)等组成。这些饲料的能源主要来自脂类,因此其能量密度比含淀粉的饲料高。这些饲料的蛋白质含量也比较低。由于这些油也有工业用途,因此这样的饲料普及性不高。工业榨油后剩下的渣依然含有相当高的含油量。这样的渣也可以作为饲料,尤其对反刍动物非常好,也被广泛使用。

(3)含糖的饲料。这些饲料主要是以"甜高粱秸秆"为主的秸秆饲料或颗粒饲料,甜高粱秸秆糖度是18%~23%,动物适口性很好。

(4)含蛋白质的饲料。这些饲料是以蛋白桑为主的植物蛋白质饲料,蛋白桑的植物蛋白质达到28%~36%,并富含18种氨基酸,是替代进口植物蛋白的最好原料。

(5)绿饲料。这些饲料中整个植物被喂用,比如草、玉米、谷物等。这些饲料含大量碳水化合物,其中的营养非常杂。比如草主要含碳水化合物,蛋白质15%~25%,而玉米则含较多的淀粉(20%~40%),蛋白质含量则少于10%。绿饲料可以新鲜地喂用,也可以晒干后保存喂用。它们比较适用于反刍动物、马和水禽。一般不用来喂猪。

(6)其他饲料。除以上所述的饲料外还有许多其他种类的饲料,这些饲料可以直接来自大自然(比如鱼粉)或者是工业复制品(比如米糠、酒糟、剩饭等)。不同的牲畜使用不同的饲料,但尤其反刍动物适用这些饲料。

（二）按主要营养元素分类

1. 配合饲料

配合饲料即将多种原料按动物营养需要配制而成的饲料。配合饲料可以进行直接饲喂，使用方便，因而受到很多养殖场和养殖户的欢迎。配合饲料的生产需要严格的管理和技术，要保证饲料的质量和安全，饲料厂必须建立化验室，对使用的每批原料进行检测，确保原料质量可靠。对终端产品也要检测，确保出售产品质量符合本企业的标准。配合饲料营养全面，因而检测指标最多，包括代谢能或消化能、粗蛋白质、粗纤维、粗脂肪、粗灰粉、钙、磷、盐分、水分等含量及饲料卫生指标重金属、细菌、霉菌等有毒有害物质含量都必须达到要求，配合饲料有利于满足动物营养需要及保证饲料安全。由于配合饲料生产要求多，管理成本大；同时，配合饲料中 60% ~80% 是玉米、麸皮，不利于玉米、小麦产区使用自产的玉米 、麸皮，而且因运输量大，往往导致饲料价格升高。

2. 浓缩饲料

浓缩饲料是由蛋白质饲料、矿物质饲料和添加剂预混合饲料按一定比例配制的均匀混合物。浓缩料加玉米、麸皮等能量饲料通过简单搅拌即可配制成配合饲料，使用方便，可以充分利用农户自产的粮食，受到很多农村养殖户的喜爱，尤其适用于蛋白质饲料来源不丰富的地区，成为近几年我国饲料中发展速度最快的行业。

浓缩饲料生产类似于配合饲料，一般由大中型饲料厂生产，或专门公司生产，小型饲料厂也可以通过购买其他公司的预混合饲料按照提供配方生产。浓缩饲料生产对搅拌设备要求不高，但要求化验的指标与配合饲料一样多，因而要求有齐备的化验设备和严格的质量控制措施。浓缩饲料使用时需要按照公司使用说明。由于玉米等能量饲料没有经过饲料厂控制，用浓缩饲料配制饲料使用效果有时会因玉米质量而受到影响，且浓缩饲料占配合饲料的15%～40%，运输量大，对于饼粕资源丰富和购买方便的产区来说不一定经济。

3. 添加剂预混合饲料

添加剂预混合饲料是由一种或多种饲料添加剂与载体或稀释剂按一定比例配制的均匀混合物。目前，添加剂预混合饲料有微量元素预混合料、维生素预混合料、药物预混料、复合预混料，以0.01%～6%用量使用于配合饲料中。由于添加剂预混合饲料在饲料中的添加量差别很大，因而不同添加剂预混合饲料适用范围不同。

添加量越少的添加剂预混合饲料，如微量元素预混合饲料、维生素预混合饲料、0.05%复合预混合饲料，对配料与混合、加工、载体、包装等的要求高，因而适用于混合机混合性能很好和技术较高的大中型饲料厂。此外，对于添加量越少的添加剂预混合饲料来说，由于所含成分种类少，生产厂家需要化验的指标越少；而使用者需要添加的成分越多，需要对其他成分化验项目越多，也决定不同添加量的预混合饲料的适用范围。

添加量大的复合预混合饲料科学地解决了配合饲料中各类添加剂的选择及其正确用量，从而保证了配合饲料的全价性，受到很多科技力量不是很强的中小型饲料厂、养殖户的欢迎；添加量为1%、2%复合预混料适用于月产或用量在100～300 t的饲料厂、养殖场；添加量为4%复合预混合饲料适用于月需要量小于100 t的饲料厂、养殖场和养殖户。

添加剂饲料可分为以下几类：

（1）矿物质添加剂。由钙、磷、铁、铜、锌、锰、钴、碘、硒等元素组成。它能调剂畜禽机体生化平衡，增强代谢功能，刺激生长，促进发育,提高抵抗力和饲料利用率。

(2)维生素添加剂。有维生素A、D、E、K(这4种属于脂溶性),B1、B2、B3、B5、B6、B11、B12、氯化胆碱和生物素(这10种属水溶性)。由于某些维生素很不稳定,在光、热等条件下很快破坏,所以,必须采取特殊加工或包装。鸡对维生素需要量极少,但缺乏这14种维生素时,却非常敏感。猪需要这些维生素。为了使用方便,维生素添加剂常采用复合配方,如维他胖、泰德维他、华罗多维等多维素复方制剂。

(3)氨基酸添加剂,即蛋白质添加剂。动物机体的蛋白质是由各种不同氨基酸组成的。蛋白质是一切生命的物质基础,是构成畜体生物细胞的主要成分。猪的必需氨基酸有10种,生长鸡为13种,缺乏任何一种,都会限制蛋白质中其他氨基酸的利用,其中尤以赖氨酸、蛋氨酸和色氨酸最容易缺乏,故又称限制性氨基酸。有些必需氮基酸在体内不能合成或合成数量很少,必须从饲料中补充。在配合饲料中,添加1 kg蛋氨酸相当于100 kg饲料粮,添加1 kg赖氨酸相当于330 kg饲料粮。

(4)抗生素(原称抗菌素)添加剂。抗生素是细菌、放线菌、真菌等微生物的某些代谢产物。它对防治畜禽细菌性疾病有明显效果,可以增强动物的抗病能力,降低发病率,提高成活率;改善动物的健康,促进畜禽的生长速度。

(5)抗氧化剂添加剂。在配合饲料中添加抗氧化剂,能防止饲料变质,延长饲料保存时间。用乙氧基喹啉(称三道喹)、丁羟甲苯等添加在饲料中的量,一般为每吨0.01% ~0.05% 。

(6)防霉剂。配合饲料中含有各种营养物质,微生物可以利用这些营养物质生长繁殖起来。为了防止配合饲料中的霉菌增殖,必须添加防霉剂。一般使用的防霉剂为丙酸钙和丙酸钠,其用量为每吨饲料添加 1. 5 ~2. 5 kg。高温潮湿季节,丙酸钙的用量应增加 1 倍。

(7)驱虫保健添加剂。寄生虫是畜禽健康生长的大敌,为了防治家畜寄生虫,常在饲料中添加驱虫药物。应用较普遍的是鸡的抗球虫剂,如呋喃唑酮、氨丙啉和磺胺二甲基嘧啶等。

(三)功能性饲料分类

1. 青绿饲料

青绿饲料指自然水分含量在 60% 以上的一类饲料,包括牧草类、叶菜类、非淀粉质的根茎瓜果类、水草类等。不考虑折干后粗蛋白质及粗纤维含量。

青绿饲料的营养特点是含大量的无氮物、维生素等;水分多,一般为 70% ~95%;干物质少;能量低,每千克青料大致含 0. 15 ~0. 50 Mcal 消化能,水生饲料更低;粗蛋白质含量在 1% ~5%,若按干物质计算则为 12% ~25%,豆科青料所含粗蛋白质比禾本科青料高;维生素含量丰富;矿物质含量依饲料种类、土壤及施肥情况而异,但以豆科牧草含量较高。此外,还含有其他微量元素。

青绿饲料的饲用特点是适口性好、粗纤维很少、易消化,消化率 80% 左右,具有润便作用,宜与干粗料适当搭配。牛皮菜、小白菜、青菜、萝卜叶及南瓜藤、甘薯藤(红苕藤)、水浮莲宜生喂,煮熟喂易发生亚硝酸盐中毒。块根及瓜类饲料,主要包括甘薯、萝卜、马铃薯以及南瓜等。

2. 能量饲料

能量饲料指干物质中粗纤维的含量在 18% 以下、粗蛋白质的含量在 20% 以下的一类饲料,主要包括谷实类、糠麸类、淀粉质的根茎瓜果类、油脂、草籽树实类等。

子实类精料包括玉米、大麦、小麦、燕麦、高粱、籼谷、荞麦、青稞等。共同的特点是淀粉含量高，蛋白质数量不足，品质不好，缺乏钙和胡萝卜素。所有谷实都缺少赖氨酸与蛋氨酸。因此，必须与富含蛋白质的饲料搭配使用。

加工副产品主要有米糠、麦麸、玉米皮、高粱糠等。糠麸饲料的能值比原粮低，但粗蛋白质的含量和质量都超过原粮。粗纤维较多，钙少磷多，钙磷比例悬殊，植酸磷多，维生素 B 组较多，但胡萝卜素及维生素 D 缺乏，消化性比原粮差。

3. 蛋白质精料

蛋白质补充料指干物质中粗纤维含量在 18% 以下、粗蛋白质含量在 20% 以上的一类饲料，主要包括植物性蛋白质饲料、动物性蛋白质饲料、单细胞蛋白质饲料等。

豆科子实、油饼饲料类是畜禽主要蛋白质来源。常用的有豌豆、蚕豆(胡豆)、黄豆及巴山豆等。粗蛋白质含量较多，一般 20% 以上，黄豆可达 40%；赖氨酸较多，蛋氨酸不足，可以作为谷实的蛋白质补充料，但是必须与其他饲料搭配。豆科子实生喂对适口性有一定影响，炒熟后可提高饲料的利用率。

油饼类饲料含粗蛋白质很高，占 30% ~50%，必需氨基酸不完善，钙少而磷多，以植酸磷为主。每千克油饼类含消化能在 2.5 ~3.5 Mcal。

菜籽饼含有硫葡萄糖甙和恶唑烷硫酮等毒素，棉籽饼含有棉酚，在用量和用法上要预防蓄积中毒。在没有经过去毒处理的情况下，一般应控制一定比例。使用棉籽饼喂猪，一般不超过饲料的 10% ~15%，喂肉用仔鸡与后备鸡不宜超过 6% ~10%，蛋用生长鸡可占日粮的8%,菜籽饼育肥猪可达饲料的10%~15%,产蛋鸡可达日粮的10%,生长鸡可达日粮的8%~12%。另据试验,菜籽饼育肥猪,前期可用6%~9%,中期可用9%~14%,后期可用12%~18%。

4. 糟渣类饲料

糟渣类饲料包括酒糟、酱糟、醋糟及粉渣、豆渣、粉水等。共同特点是水分高,在70%~90%;干物质中由于淀粉减少,而蛋白质等其他物质相对增多,粗纤维也相应增加,实属容积类饲料。此外,酒糟水也富有营养,不仅维生素B组含量高,而且含有维生素B12及一些有利于动物生长的未知因素。

5. 动物性饲料

这类饲料主要包括乳、肉、鱼及养蚕业加工副产品,如乳、脱脂奶、乳清、肉粉、肉骨粉、血粉、羽毛粉、鱼粉、蚕蛹干、蚕蛹饼等。共同特点是:

(1)粗蛋白质含量高,所含必需氨基酸比较完善,特别是子实类所缺少的赖氨酸与色氨酸较多。

(2)矿物质含量高,特别是钙、磷含量。有些含食盐较多,故使用时应加注意。

(3)碳水化合物极少,而且不含粗纤维。

(4)含较多维生素B2、维生素B12及烟酸。鱼的副产品是维生素A与D3的良好来源。

其他动物性饲料,有人工养殖蚯蚓、蛆、泥鳅、鳝鱼、螺蛳、虾蚌等。

6. 矿物质饲料

以上介绍的各类饲料,绝大多数的矿物质含量是不平衡的,与畜禽的要求不相适应,因此还必须根据具体情况加以补充。属于矿物质饲料的，有食盐和含钙、磷的饲料以及钙、磷平衡的矿物质饲料。

(1)补充钙的饲料，有碳酸钙粉、石灰石粉(石粉)、贝壳粉、蛋壳粉和草木灰等。

(2)补充磷的饲料，有磷酸氢钙、磷酸二氢钙、去氟磷酸盐、磷酸钙，同时亦补充钙。补充磷、钙的饲料有各种骨粉和骨制的沉淀磷酸钙等。

7. 干草和稿秆饲料

干草是青绿植物经晒制或烘干而成的。干草含水量低，一般在14% ~17%。豆科干草含有较多的粗蛋白质或可消化粗蛋白质。品质优良的干草可消化粗蛋白质含量在12%以上。

稿秆分禾本科与豆科两类。禾本科稿秆的特点是粗蛋白质少，灰分和粗纤维多，可达22% ~52%。灰分中钙、磷不足。豆科稿秆则含有较多的粗蛋白质，钙、磷成分亦稍多。二者都有缺点，即适口性差，消化率和消化能低。

秕壳饲料(包括稻壳、麦壳、菜籽壳、花生壳等)含有比稿秆较多的粗蛋白质，灰分及胡萝卜素、粗纤维含量略少，其价值高于稿秆，只能起填充作用。

第二节　构树的饲料价值

构树叶子易摘、易晒、易干，是极好的畜禽饲料，营养价值较高。据分析，构树叶含干物质 85.85%、粗蛋白质 21.15%、粗脂肪 3.58%、粗纤维 10.07%、无氮浸出物 38.76%、灰分 12.02%、钙 2.23%、磷 0.30%。含有天门冬氨酸、赖氨酸等 20 余种氨基酸。还有丰富的维生素、胡萝卜素等。构树叶粉从营养成分看，蛋白质含量高达20%～30%，氨基酸、维生素、碳水化合物及微量元素含量十分丰富，粗纤维含量也较高，并且富含植物营养液，是介于玉米与大豆之间的上等畜禽饲料，经喂养畜禽日增重效果显著，增效达46%～108%，具有较好的饲养效果和经济效果。

一、构树与苜蓿的对比优势

苜蓿草以"牧草之王"著称，是一种优良的植物性蛋白质饲料原料，粗蛋白质含量高16%～22%，一般为18%，粗纤维含量25%左右、消化率高，富含维生素和各种微量元素。苜蓿干草、颗粒颜色青绿，气味清香，适口性强，饲喂方便，安全卫生。饲用构树作为木本植物蛋白饲料，构树叶蛋白质含量为24%～26%，整株嫩枝为20%～22%，半木质化整枝为16%～18%，氨基酸平衡，纤维质量好，富含胡萝卜素、异黄酮类等促生长物质，可消化总养分较高，是畜禽养殖的新型优质木本植物饲料原料。

苜蓿草种植基地基本在北方，南方地区苜蓿草的应用运输成本高，且南方地区高湿高热以及酸性土壤的自然环境，使得紫花苜蓿在南方引种困难，南方地区夏秋季雨水集中，苜蓿收贮困难，损失较大。构树属强阳性树种兼具耐阴性，山区的阴坡、阳坡均可种植，环境适应性强，耐干旱瘠薄，在丘陵、河滩地生长良好，耐盐碱；南方、北方均可种植。

紫花苜蓿的产草量因生长年限和自然条件不同而变化范围较大，播后2～5年生的每亩鲜草产量一般存2000～4 000 kg，干草产量500～800 kg。在水肥条件较好的地区每亩可产干草733～800 kg；干旱低温的地区，每亩产干草400～730 kg；荒漠绿洲的灌区，每亩产干草800～1 000 kg。我国80%以上的苜蓿产品为三级品，粗蛋白质含量 14% ~16%。饲用构树萌蘖性及萌芽力强,在生长期内多次刈割,迅速萌生,可以连续刈割 10 ~15 年以上。饲用构树生物量大,作为饲料利用,1 ~2.0 m 刈割时,茎叶比例近似 1∶1。北方地区年可收获 2 ~3 茬,亩产鲜构 6 t 以上;南方年可收获 5 茬以上,亩产鲜构 10 t 以上,其中海南一些地区亩产鲜构可达 15 t 以上。

二、饲用性研究

构树作为一种高蛋白质的木本饲料,其嫩叶中含有的植物蛋白质为 20% 左右,具有很好的饲用价值。周贵(2016)研究报道,构树植物粗蛋白质比常规饲用的苜蓿草粉高出 8% 左右,制成叶粉与其他原料一同加工作为配合饲料,适合于各种禽畜。孙华等(2011)对黄冈市的构树叶粉检测发现,含有干物质(DM)85.82%、粗蛋白质(CP)20.29%、粗脂肪(EE)3.42%、粗纤维(CF)9.86%、钙(Ca)2.23%、磷(P)0.30%。华栋(2002)研究表明,构树的花絮营养成分也很高,100 g 干燥的构树雄花序含有 β 胡萝卜素 3.09 mg、维生素 C 267.71 mg、粗脂肪 8.82 g、总碳水化合物 58.38 g、粗蛋白质 20.51 g、氨基酸总量 16.73 g,其中人体必需氨基酸含量达 35.5%。刘会娟(2013)通过对柞木叶、构树叶和柳树叶的营养成分进行对比发现,构树是三者中最好的饲用植物,其粗白质含量为 21.56%,均比柞木 13.52% 和柳树 16.12% 高。

沈世华(2016)报道,现在推广的饲用构树主要是高蛋白质、高产量的 101 和 201 等杂交构树,其粗蛋白质含量在 26% 左右。经太空育种培育出的中科 1 号高蛋白质杂交构树,其风干树叶中经河南郑州市农林科学研究所检测证明,含有干物质 93.2%、粗蛋白质 23.21%、粗纤维 15.6%、粗脂肪 5.31%、淀粉 1.17%、糖 0.65%、灰分 15.88%、钙 4.62%、磷 1.05%、铁 0.08%，可知构树叶的蛋白质高于苧麻(17.39%)、任豆(16.4%)和同科的桑叶(17.34%)(孙建昌,2006)。

河南省林科院选育出的饲构 1 号构树，叶片大，营养丰富，含粗蛋白质 24.64%、钙 4.13%、磷 0.34%，含有天门冬氨酸、苏氨酸、丝氨酸等 17 种氨基酸，氨基酸总含量为 16.82%，富含植物营养液等；且其粗蛋白质和氨基酸含量分别高出普通构树 2.89% 和 7.59%，同时其粗蛋白质含量比日本构树的还多 1.40%。其植株健壮，树体生长旺盛，适应性强，对土壤和气候条件的要求不严，耐干旱、贫瘠，抗污染，具有广泛的适应性和饲用价值。

三、鲜叶与干草料饲喂效果

构树作为植物饲料原料，夏秋季丰富，冬春季节缺乏，同时夏秋季节，牧草资源同样丰富，为充分利用资源的有效性，在资源丰富的时期可节流一部分风干储存用于资源匮乏的季节，且构树鲜叶和干料效果良好。王永树(2016)用鲜叶饲喂体型矮小的巴马香猪，巴马香猪能够将其消化吸收，肉质也得到改善。体重 6 kg 的小猪经过 9 个月的构树饲喂宰杀后净重达 87 kg，经济效益高，与米允政(1958)报道构树喂猪效益高结果一致。有研究表明，构树鲜叶搭配部分精料直接饲喂猪等家畜有较好的效果。而对当季过剩的构树枝叶可以制成构树叶粉或干草类饲料，储存备用。彭超威(1992)用含米糠 18%、麦麸 8% 的饲料作对照组，用 20% ~25% 构树叶替代米糠和麦麸作试验组，结果表明，试验组与对照组在猪的增重效果上无显著差异，但每千克增重成本降低了 2.74% ~3.05%。夏中生等(2008)也发现，在配合饲料中添加 20% 的构树叶粉对猪的采食量和生长增重无不利影响。唐亮(2008)研究中发现,在育肥猪饲料中添加8%的构树叶粉,饲喂的经济效益最好。吴建平(2010)在良凤花肉鸡的日粮中添加2% ~6%的构树叶粉用作配合饲料发现,对其屠宰率、全净膛率和腿肌率无显著影响。这与徐又新(1992)的结论几乎相一致,表明鲜叶与干草料在饲喂上能获得较好的效果,但鉴于构树中高的粗纤维、干物质部分不能被动物消化吸收,因此杨青春(2014)建议经过益生菌发酵等预处理后,再用于饲喂。干鲜两用对青饲料季节性短缺的地区将会起到很好的调节作用。构树等木本饲料的发展可以缓解季节性青饲料的短缺问题,这对养殖业的发展将起到巨大的推动作用。

四、构树饲料的应用

(一)构树在反刍动物饲粮中的应用

用杂交构树叶配制的奶牛用精饲料不仅可以提高奶牛的产奶量、乳脂量和乳蛋白量,而且经济适用、成本低。屠焰等(2009)采用尼龙袋法研究杂交构树的叶片、细枝条、全株嫩苗、茎秆在瘤胃内24 h和48 h后的降解率,结果表明,粗蛋白质、有机物、干物质的瘤胃降解率较高,尤其是叶片和细枝条。我国学者袭远林等利用构树叶替代玉米精料发明了一种全牧草型肉羊配合饲料,该配方经济实用,平均每只肉羊日增重达到0.16 kg,每只肉羊的纯利润可达650元。

(二)构树在单胃动物饲粮中的应用

据报道,日粮中添加一定比例的构树叶对猪的采食量没有影响,且对猪有促进作用。杨青春等将30头日龄相近、体质量约为60 kg的杜长大三元杂交猪随机分成2组,试验组在基础日粮中添加10%的构树叶粉,分别测定生产性能、屠宰性能、肉品质及对营养物质的表观消化率。结果显示，与对照组相比，试验组平均日增体质量降低了2.06%，平均日采食量提高了0.78%，料比重提高了2.89%，差异不显著；背膘厚度显著降低28.57%，眼肌面积显著提高9.96%；肌内脂肪含量、谷氨酸钠含量分别显著提高20.40%、13.62%；粗蛋白质、干物质、钙及总能的表观消化利用率分别显著降低5.01%、5.61%、15.27%和5.72%，磷的表观消化率显著提高了10.90%。由此得出结论，添加适量的构树叶粉不影响育肥猪的生产性能，还能改善肉的品质。何国英(2005)在基础日粮中添加20%的构树叶粉，采用肛门收粪法计算出生长猪对以上各个指标的表观消化率明显偏小，说明了日粮中构树叶添加量太高，阻碍营养物质的消化吸收。孙华等(2011)进一步探讨构树叶粉用于饲喂猪的可行性及其使用比例，试验表明，构树叶粉可以以15%的添加量用于肥猪饲养中。构树作为一种纯天然绿色环保饲料，通过适当的处理和加工，能代替大部分价格昂贵的蛋白质原料。李艳芝的研究发现，构树叶能提高产蛋高峰期蛋鸡的生产性能、蛋品质及血液生化指标，而且最佳添加量在1.5%~2%，并且有助于改善鸡体的免疫功能。不过，用高比例的构树叶粉饲喂畜禽时会导致消化不良、肝肾损伤，甚至中毒。

第三节　构树饲料的处理及加工

一、构树枝叶的干燥

(一)干燥的意义

(1)减少鲜嫩构树枝叶营养物质的损失，构树枝叶与其他牧草一样，一经刈割，便中断了水分和营养的来源，刚刚刈割的枝叶水分含量高，其呼吸活动和氧化作用仍在进行，营养物质仍在不断地消耗。需采用自然和人工干燥的方法，将含水量降到 15% 左右，以最大限度地减少营养物质的损失。

(2)平衡季节因素造成的饲料原料短缺，确保养殖业的稳步发展。

(3)降低饲养成本，提高养殖效益。

(4)方法简单，便于长期大量贮藏。

(二)干燥的方法

1. 自然干燥法

(1)地面干燥法。选择晴天的早上在构树枝叶露水基本散去后进行刈割，刈割后就地均匀摊晒 6 ~ 8 h，约在 11:00 和 13:00 各翻 1 次，在 15: 00 以前，将其收拢成松散的草堆，在天黑露水前堆成垛堆，再经 1 ~ 2 d 干燥即可。

(2)架子干燥法。刈割后就地干燥半天后，再放到架上进行晾晒，应注意防水。

2. 人工干燥法

(1)鼓风机干燥法。在晴朗天进行刈割，就地干燥半天后，运到草棚中堆放 1.5 ~ 2.0 m 厚度，用鼓风机进行不加温干燥；待第一层干燥后，再堆第二层同法进行干燥，还可堆第三层。

(2)高温烘干法。此法投资大，但效果好。将切碎的构树枝叶置于烘干机中进行烘干，时间根据烘干机型号而定。也可土法上马自砌烘干房，用柴火或煤火进行烘干。

(3)干燥效果可用经验初步判定。用手折构树枝条，能立即折断，且有折断声，则说明水分已降到 15% 左右；如不能立即折断，则说明水分含量还达不到贮藏要求。

二、构树枝叶的粉碎与贮藏

（一）构树枝叶的粉碎

根据当地的气候条件和饲喂对象等实际情况，选择干燥前粉碎或干燥后粉碎、现场粉碎或场地粉碎、一次粉碎或二次粉碎、揉丝机与粉碎机的配合使用。饲料粉碎的目的是增加饲料表面积和调整粒度，提高适口性，提高消化率，更好地吸收饲料营养成分。

（二）半成品或成品的贮藏方式

1. 包装贮存

构树草粉粉碎调制后，用内塑外编的双层袋进行定额包装，以25～50 kg包装为宜。置放于干燥、凉爽的库房中贮藏。库房应设置活动窗，外界天气晴朗，干燥时可开窗通风；外界环境潮湿，如下雨则应关上密封窗。

2. 草棚垛堆

用自然干燥法和鼓风机干燥法的构树枝叶，没有做剪短处理，可采用在草棚垛堆的方法进行贮存。垛堆分小垛和大垛两种。小垛的规格为2 m左右的四方形垛，适宜小规模用户。大垛的规格为高6.5、宽5.0 m、长8.0～10 m，适宜大规模养殖场。

三、构树饲料加工制作

饲料构树不仅可以制成青贮饲料、发酵料等常用饲料类型，还可以制成粉状饲料、颗粒饲料、块状干草饲料等常规饲料类型，以满足不同畜禽对不同饲料的需求。

（一）构树草粉

饲用构树经过切割→干燥→除杂→粉碎→包装等流程加工而

成,粉料粒径 4 ~ 6 mm,是制作畜禽饲料(尤其是功能性饲料)的原料,广泛用于各种饲料配方。一是选料。以无霉变、腐烂现象的构树枝叶为原料,最好再配以 3 种以上农作物秸秆或保健植物,如玉米秆、大豆秆、稻草、麦秆、板蓝根、紫苏等。二是对原料进行加工。将选好的原料干燥,再用粉碎机进行粉碎。三是进行保存。使用时既可以直接饲喂,也可以按一定比例将草粉与发酵液均匀混合,将拌匀的草粉料装入容器内压紧,再用塑料薄膜密封,并放在温度 10 ~ 40 ℃的环境里发酵数天,开袋饲喂。

(二)构树颗粒饲料

用颗粒饲料轧粒机,在干燥粉碎后的基础上,将粉碎后的构树草粉压制成直径 0.64 ~ 1.27 cm、长度 0.64 ~ 2.54 cm 的颗粒状物体,即为构树颗粒饲料。生产流程:切割→切短→烘干→粉碎→调质→制粒→干燥→包装。颗粒饲料含水率 < 12%,密度 1.3 g/cm^3,结构细密,水稳性好,营养成分不流失,具有提高饲料消化率,减少动物挑食,储存运输更为经济,避免饲料成分的自动分级,减少环境污染,杀灭动物饲料中的沙门菌的特点。颗粒饲料的制作过程能使植物饲料中的抗营养因子发生变性作用,减少对消化的不良影响,能杀灭各种寄生虫卵和其他病原微生物,避免消化系统疾病的发生。饲用构树颗粒饲料可以替代奶牛 20% ~ 30% 的精饲料,肉牛饲喂量占体重的 0.5%,肉羊饲喂量占体重的 1%。可以作为畜禽生态养殖的功能性饲料。

颗粒饲料用内塑外编的双层袋进行密封定额包装,以 25 ~ 50 kg 规格为宜,贮存于有防潮功能、有密封窗口和凉爽的仓库中。如作为商品构树颗粒供给大中型饲料厂作为配合饲料原料时,则应按国家标签法规的要求,对应标明的事项进行标注。

（三）块状饲料

将干燥的饲用构树通过成型设备，挤压成型后，即可制成构树块状饲料。构树饲料成型后，其体积较以前压缩 15～20 倍，密度大，方便贮藏和运输。成型饲料也被称为“千层饼”或“压缩饼干”。

构树块状饲料饲喂时，要切成薄片或用水浸泡，或与高水分青贮秸秆类混合饲喂。饲喂量一般为食草动物体重的 1%～2%。构树块状饲料可作为食草动物育肥期间提高干物质采食量的优质饲料。

第四节　构树青贮饲料的处理及加工

构树青贮饲料实际是指采用中水分青贮方法，即以 1.5 m 以下株高时刈割的鲜嫩构树枝叶为主要原料，辅以一种以上的其他青绿新鲜饲草或农作物副产品，在密封厌氧的条件下，利用原料自身表面附着的乳酸菌发酵，或人为地添加发酵促进剂或发酵抑制剂，使容器环境 pH 值下降到 4.2 以下，而制成的可长期贮存的青绿多汁饲料。

一、构树青贮饲料的优点

（1）营养成分损失小，构树青贮饲料在制作过程中，营养损失较其他调制方法损失低，尤其是粗蛋白质和胡萝卜素的损失都在 15%以下。

（2）改善饲料的适口性，提高消化率。鲜嫩的构树枝叶或其他青绿饲料，有本身适口性好的，也有适口性差的，通过青贮发酵，基本保持了青绿饲料的鲜嫩多汁、质地柔软，并产生了大量的乳酸及少量的醋酸，具有酸甜香味，从而提高和改善了适口性。

二、构树青贮的发酵原理

青贮实际上是促进乳酸菌活动和繁殖、抑制其他微生物活动和繁殖甚至杀灭的过程。

有益微生物和有害微生物的特性及生存条件如下：

(1)乳酸菌。乳酸菌是主要的有益微生物。乳酸菌种类多，其中对青贮有益的主要是乳酸链球菌和德氏乳酸杆菌。它们均为同质发酵的乳酸菌，发酵后只产生乳酸。此外，还有许多异质发酵的乳酸菌，除产生乳酸外，还产生大量的乙醇、醋酸、甘油和二氧化碳等。乳酸链球菌属兼性厌氧苗，在有氧或无氧条件下均能生长繁殖，耐酸能力较低，青贮饲料叶中含酸量达到0.5%～0.8%、pH值4.2时即停止活动。乳酸杆菌为厌氧菌，只在厌氧条件下生长和繁殖，耐酸力强，青贮饲料中含酸量达1.5%～2.4%，pH值为3时才停止活动。乳酸菌在适宜的温度(25～35 ℃)、适宜的水分(60%～70%)、适宜的糖分(1%～2%)和厌氧条件下，生长繁殖快，可使单糖和双糖分解生成大量乳酸。

(2)酪酸菌。酪酸菌是一种厌氧、不耐酸的有害菌，适宜温度35～40 ℃。适宜pH值4.7～8.3，它在pH值4.7以下时不能繁殖。

(3)腐败菌。腐败菌为一种有害菌，能分解蛋白质。有好氧的，也有厌氧的，但适宜pH值均高于6.2，在正常青贮条件下，当pH值下降，氧气耗尽后，乳酸菌逐渐大量繁殖，腐败菌则能被抑制或死亡。

(4)霉菌。霉菌是导致青贮饲料变质的主要好气性微生物，正常青贮条件下，霉菌仅生存于青贮初期，酸性和厌氧条件下，霉菌的生长并没完全抑制。但在青贮饲料的表层或边缘有一定的条件，有少量霉菌存在。

（5）酵母菌。酵母菌是好气性菌，喜潮湿，不耐酸，适宜 pH4.4～7.8。在切碎的青贮原料装填完前，可在原料表层繁殖，分解可溶性糖，产生乙醇及其他芳香物质。当青贮饲料装填完并压实密封后基本停止活动。

（6）醋酸菌。醋酸菌属好气性菌。在青贮初期有空气的条件下可大量繁殖。适宜温度 15～35 ℃，适宜 pH 值为 3.5～6.5。酵母和乳酸菌发酵产生的乙醇，再经醋酸菌发酵产生醋酸。醋酸可抑制各种有害微生物。但因青贮饲料压得不严实，氧气残留多的条件下，醋酸产生过多，则会降低青贮饲料的品质，并影响适口性。

三、青贮饲料的发酵过程

青贮发酵是一个复杂的微生物活动过程。实际就是为青贮原料中的乳酸菌生长繁殖创造条件，使乳酸菌大量繁殖，将青贮原料中的可溶性糖类变成乳酸，使乳酸菌达到一定浓度，在有利于乳酸菌繁殖的条件下，大多有害微生物的生长受到抑制，甚至死亡，从而达到保存饲料的目的。因此，青贮的成败取决于是否创造了适宜乳酸菌发酵的条件。

青贮的发酵过程分为好气性菌活动阶段、乳酸菌发酵阶段和青贮稳定阶段。

（1）好气性菌活动阶段（又称有氧吸收阶段）。新鲜的构树枝叶及其他青贮原料装填入青贮容器中压实密封后，植物细胞并未立即死亡，在 1～3 d 内仍进行呼吸作用，分解有机物质，直到原料中氧气耗尽达到厌氧状态后才停止呼吸和分解作用。

（2）乳酸菌繁殖发酵阶段。厌氧、温度和酸度等条件形成后，其他微生物抑制或死亡；乳酸菌开始迅速繁殖，形成乳酸。正常情况下,温度降到 25 ℃,pH 值降到 4.2 以下,各种有害菌和乳酸链球菌的活动受到抑制,只有乳酸杆菌存在。一般情况下发酵 5 ~ 7 d,以乳酸菌为主的微生物便达到高峰。

(3)稳定阶段。当 pH 值降到 3.0 时,各种微生物停止活动,营养物质不会再损失。糖分含量高的青贮饲料青贮 20 ~ 30 d 就可进入稳定阶段,含糖分低的牧草则需 3 个月时间。

四、构树青贮饲料的制作方法

(一)原料搭配

根据所饲养家畜对原料进行搭配。

(二)原料的前期处理

根据所饲养家畜对象,对青贮原料进行切、揉碎处理。猪用的粒径长度 1 ~ 2 cm,羊用的粒径长度 2 ~ 3 cm,牛用的粒径长度≤3 ~ 5 cm。

(三)水分的检测与调节

构树混合青贮饲料的水分要求在 60% ~ 70%,一般用手检测即可。方法是:将切、揉碎的原料用手抓住紧握,若有渗滴水,料团放手后不散开,说明水分含量大于 70%,在 75% ~ 80%;若感到湿润,无渗滴水,放手后慢慢散开,说明水分含量在 60% ~ 70%;若感到干燥,放手后快速分开,说明水分含量在 60% 以下,含量在 45% ~ 55%。大于 70% 的用吸附剂调节。如玉米粉、麸皮、碳酸钙、磷酸氢钙、膨润土等;小于 60% 的用含水量高的原料进行调节,或直接加水。

(四)糖分的调节

构树及其混合原料中,可溶性糖分一般含量低,应对糖分进行调节。其方法是:按青贮原料重量的2%添加可溶性糖(蔗糖、葡萄糖、糖蜜均可),溶于水中进行添加。

(五)发酵促进剂的添加

构树及其混合原料中含有少量的乳酸杆菌,为了促进乳酸杆菌尽快繁殖,减少干物质的损失,从而获得理想的青贮饲料,可自制或购买商品菌种进行添加。商品菌种需进行菌种复活和菌液配制两道工序,操作简便。

(六)发酵抑制剂的添加

发酵抑制剂主要指的是酸制剂,一般采用复合酸制剂进行添加(柠檬酸、延胡索酸和甲酸钙各1%),可调节青贮容器中pH值,使其降到适合乳酸菌繁殖的pH值为3.2~4.2,具有快速沉降原料的作用,使原料在人工或机械下压实的基础上压得更实。

(七)其他物质的添加

玉米、蔗糖、麸皮、碳酸钙、磷酸氢钙、食盐、微量矿物质元素、防霉剂和抗氧化剂等可根据不同家畜进行添加。矿物质元素在青贮饲料中添加后要注意在精料配合料中的使用量。食盐用于青贮窖的表面具有防腐作用,按250 g/m^2 撒在最后一层的表面。

(八)装填

根据青贮窖的大小,将现有人员分成若干组,如刈割组、原料切揉碎组、水料组、干料组和装填组,并根据工作量和特点合理配备人员,做到一经刈割,马上就进行切、揉碎、装填、喷液、撒料、密封、装窖,最好在1 d时间内装完,并压实、密封。最长不超过2 d。

(九)装填方法

装料20~25 cm压实、喷液、撒干料,重复进行,直到高出窖面40~50 cm撒食盐密封,再用长秸秆压20~30 cm,再覆沙土加固密封。

五、青贮容器

（一）青贮窖

青贮窖有地下式和半地下式两种。一般采用半地下式。用料少时做成圆形，直径与窖深比为 1∶1.5；用料多时做成长方形，四壁呈 95°倾斜，也就是底部比窖口小，窖深 2 ~ 3 m，宽度和长度根据实际情况决定，最好 1 d 能装完，最多在 2 d 时间内装完。如用机械压实，宽度要≥12 m。青贮窖 2 ~ 3 个为好，以后轮番作业。两窖之间的距离应大于 6 m。

（二）青贮袋

宜采用厚度在 0.9 ~ 1 mm 以上的塑料薄膜做成，形状呈圆形，直径 0.3 ~ 3 m 不等，长度根据装料多少决定，可重复使用。

（三）拉伸膜裹包青贮

拉伸膜裹包青贮是低水分青贮的一种方法，是将收割后的构树枝叶及其他牧草经 3 ~ 4 h 自然晾晒后在收割的当天进行机械打捆（呈长方形或圆柱形），然后用拉伸膜包裹密封，将原料裹起来使之成为“面包草”。拉伸膜具有较强的拉伸性能和单面自黏性，密封性好，防水、防尘、防止紫外线透过，能避免窖贮等其他青贮方法造成的营养损失和取料后的二次发酵，可去除异味和毒素，还可使杂草的种子失去再生能力。拉伸膜有足够的强度且柔软，耐低温，在寒冷环境下不脆化，不会冻裂；且不透明，保证透光率低，避免热积累；用它包裹好的草捆可在野外存放 2 年以上。

用拉伸膜裹包青贮是目前世界上流行的最先进的青贮方法之一，用这种办法青贮的饲料营养价值高，相当于普通青贮的 1.4 倍。

一般在 10 ℃以上经 1 个月时间发酵即可制成。

目前,国内生产的青贮打捆包膜一体机可将构树青贮饲料打成 80 kg 定额包装,省工省时,节约劳动力和运输成本,使青贮饲料转化成商品饲料。

六、青贮饲料的质量判定

(1)优。pH 值为 3.2～4.0,原色或黄绿色,醇香味、微酸味,松散。

(2)良。pH 值为 4.1～4.4,褐绿色、褐黄色,淡香、酸味重,松散度稍差。

(3)差。pH 值为 4.5 以上,褐色或绿色、腐臭味,结块、粘手,说明青贮失败,不能饲用。

第五节　发展构树饲料的意义

一、有利于调整农业结构,增加农民收入

发展构树饲料,既可增加农民的畜牧收入,又可引导农民种植构树而增加种植收入。据测算,大面积种植构树两年成林,每年采叶 5～6 次,每亩地可产干叶 2.5 t,按 500 元/t 收购价计算,亩产值可达 1 250 元,种植一亩构树,仅出售树叶,纯收入就超千元。外加出售树皮、树干的收入,得益就更多了。按每一农户种植 4 亩构树,成林后树叶经发酵加工成饲料,可养大 40 头猪,利润超 2 000 元。猪的粪尿经熟化后可养鱼,也可作构树或农田的底肥,其效益大大高于种粮或其他作物。更诱人的一点,种植构树是一次投入,长期受益。假如一个县能引导、扶持农民种植 40 万亩,成林后生产构树饲料,可喂养

400 万头猪，农民获利超过 10 亿元。

发展构树饲料，具有投入少、产出高等优势，又可带动种植业、饲料加工业、养殖业、肉类加工业、运输业、服务业等行业的发展，较快地形成产业链，符合国家产业政策，是落实 2005 年中央 1 号文件，解决“三农”问题的有力举措。湖北、广西等省区的领导，已分别就构树项目的开发做出批示，国务院研究室组织了多学科的专家对该项目进行现场考察，向中央提交了《发展构树饲料、实现化树为粮》的报告。2004 年 5 月 25 日，湖北省政府召开了推进构树产业化经营的专题会议，成立了领导小组。广西也于 2004 年 7 月成立了相应机构，推进构树项目的开发。

二、有利于粮食安全和促进社会稳定

我国人多地少，耕地面积又在逐年缩减，粮食关乎国计民生，在保持粮食长期稳产的同时，还要重视节约粮食。发展构树种植，不与粮争地。用构树饲料发展养殖业，可减少饲料粮消耗，实现“化树为粮”。据测算，每吨畜禽、水产采用构树饲料喂养，比常规饲料可节约饲料粮 30% ~ 50%，缓解“人畜争粮”的矛盾。用构树叶生产饲料，可替代常用饲料所耗的豆粕，减少大豆进口，为国家节省外汇。通过发展畜禽、水产等养殖业，增加肉、奶产品，人们日常生活的副食品消费量增多了，粮食用量也自然下降，相应地，会大大减轻粮食调运的压力，有利于社会稳定，加快经济发展。

三、有利于改善生态环境

党中央强调，要把保护、恢复和发展森林植被，改善生态环境作为国家和民族生存与可持续发展的战略任务。西部大开发，更要把生态环境作为重中之重,当务之急是退耕还林养畜。开发构树产业,促成构树种植—饲料生产—养殖畜禽—肉类加工—构树林的现代生态农业模式,扩大贫困地区的植被面积,就能有效保护生态环境,实现人与自然相协调,保证我国经济建设可持续发展。

四、市场前景广阔

我国畜牧业发展面临着草本饲料和粮食类饲料资源匮乏的问题,而我国木本饲料种植范围广、营养价值高、开发潜力大。构树作为一种经济实用的饲料资源,合理的开发利用能在一定程度上缓解"人畜争粮"的矛盾。以构树叶为主要原料的构树饲料是一种纯天然的绿色环保饲料。在构树种植、生长过程中不施用农药、化肥、除草剂,构树叶没有农药残留物,用构树饲料喂养牲口,保证肉质纯正、品质自然、味道鲜美,是真正的绿色食品,让消费者吃得放心,也为我国参与国际市场竞争提供一流的产品。

构树饲料低廉的生产成本和使用成本决定了它具有强大的市场竞争力。构树蛋白质含量,比苜蓿粉高60%,大致是豆粕蛋白含量的2/3。市场上构树叶的价格比苜蓿粉低30%,仅相当于豆粕价格的1/5。因此,利用构树叶生产饲料可大大降低生产成本。目前构树饲料产品成本每吨约1 600元,而市售配合饲料的成本每吨一般在2 200元,少数名牌饲料每吨达3 000元。这个价差对构树饲料来说就有相当大的利润空间。构树饲料作为一种优质的绿色饲料,其饲养效果与市售名牌饲料相比毫不逊色。用构树饲料必将给低迷的养殖业创造更丰厚的利润,并带来新的发展机遇。

因此,加大构树的推广种植,形成由工业化组培繁育、高蛋白绿色生态饲料生产、植物制浆及纤维提取等技术为一体的产业体系,并进一步开发以构树为原材料的新型药品、功能饮料、健康食品、保健品以及美容、抗菌相关的产品，实现构树的全树利用，将成为未来植物资源综合利用的模型化发展趋势。

第六节　‘豫饲 1 号’构树新品种选育

一、‘豫饲 1 号’饲料构树的选育

河南省林科院在 2008 年开展林业公益性行业专项“适宜房顶绿化的高效节水型木本植物良种选育研究”课题时，从抗旱角度开始在河南省郑州、洛阳、信阳、商丘和濮阳进行构树的收集。共收集繁育出构树无性系 64 个，通过在荥阳、鄢陵和辉县 3 个地方对比试验林的观测，发现一个无性系与其他构树系号相比，叶片大，植株健壮，树体生长旺盛。通过营养元素含量的测定发现其含粗蛋白质 24.64%、钙 4.13%、磷 0.34%，含有天门冬氨酸、苏氨酸、丝氨酸等 17 种氨基酸，氨基酸总含量为 16.82%，还富含植物营养液等；且其粗蛋白质和氨基酸含量分别高出普通构树 2.89% 和 7.59%，同时其粗蛋白质含量还比日本构树的多 1.40%，且连续 3 年检测，营养元素含量基本一致。

二、‘豫饲 1 号’饲料构树的生物、生态学特性

（一）生物学特性

落叶乔木，树体生长旺盛，1 年生（许昌鄢陵）植株平均树高为 3.0 m、胸径为 2.1 cm，2 年生（许昌鄢陵）植株平均树高为 6.3 m、胸径为 5.6 cm，5 年生（荥阳）植株平均树高为 6.1 m、胸径为 11.2 cm。树冠开张，树皮平滑，灰白色或浅灰色，全株含乳汁；小枝树皮灰白

色，其上密生白色丝状刚毛。1 年生植株叶片以对生为主，偶有互生，2 年生及以上树龄植株单叶互生、稀对生；叶卵圆至阔卵形，时有不规则深裂、多 2 ~ 3 深裂，与其他构树品种相比叶片较大，叶面积平均为 229.23 cm^2，叶长平均为 21.62 cm、叶宽平均为 10.22 cm，平均单叶重达 4.72 g，两面有厚柔毛；叶柄长平均为 8.43 cm，密生绒毛；托叶卵状长圆形，早落。雌株，花球形头状，4 ~ 5 月开花；聚花果球形，7 ~ 9 月成熟，熟时橙红色或鲜红色。

（二）生态学特性

构树喜光，适应性强，能耐北方的干冷和南方的湿热气候。耐干旱瘠薄，也能生长在水边。喜钙质土，也可在酸性、中性土壤中生长。喜强阳，也能在林荫下正常生长。生长较快，萌芽力和分蘖力极强，根系较浅，但侧根分布很广，耐修剪。构树对烟尘及有毒气体抗污染性很强，且能抗二氧化硫、氟化氢和氯气等有毒气体，可作大气污染严重的工矿区绿化树种。病虫害少。

三、'豫饲 1 号'饲料构树生长表现及营养价值

饲料构树在河南省南北的低山、丘陵及平原地区广泛分布。河南省林科院于 2007 年在河南濮阳、洛阳、信阳、商丘、郑州等地搜集优良构树时发现这一特征，2008 年通过幼化繁殖无性系苗木，2009 年在荥阳、新郑和辉县营建构树试验林，截至目前已栽植 9 年，生长良好，特征明显。

2011 年 8 月从树冠的上、中、下部和外、中、内部采样，并将样品送至农业部农产品质量监督检验检测中心（郑州）进行测定，结果表明，饲料构树叶片干物质比重大、营养丰富，含有粗蛋白质、粗纤维、钙、磷、粗灰分和天门冬氨酸、苏氨酸、丝氨酸等 17 种氨基酸，粗蛋白

质 21.74%、氨基酸总量 17.87%，分别比普通构树的高 5.06% 和 3.72%；粗纤维、钙、磷和粗灰分低于普通构树的，这说明该“饲料构树”品种的叶片营养价值较好，更适合做畜禽饲料。

为了验证其生长稳定性，课题组又于 2012 年和 2013 年利用荥阳山上的无性系苗木进行扦插繁殖，在许昌鄢陵栽植有 2 年生和 1 年生无性系苗木，通过调查发现，所扩繁的苗木外观均表现与引种母株相同的性状，单株植物间特异性完全一致，且未发现新种病虫危害，耐干旱、耐瘠薄、抗污染、易繁殖。同时课题组又于 2013 年采集了许昌鄢陵的构树叶片进行营养成分的测定，并与普通构树和日本构树的营养成分做了对比（见表 6-1），该构树品种含粗蛋白质 24.64%、钙 4.13%、磷 0.34%，含有天门冬氨酸、苏氨酸、丝氨酸等 17 种氨基酸，氨基酸总含量为 16.82%，且其粗蛋白质和氨基酸含量分别高出普通构树 2.89% 和 7.59%，同时其粗蛋白质含量还比日本构树的多 1.40%。因此，我们认为该品种类型是一个很有发展前景的木本饲料树种，可作为林业饲料资源的重要补充。

表 6-1　构树不同无性系叶片的营养成分　（%）

项目	粗蛋白质	粗纤维	总氨基酸	总磷	钙	粗灰分
‘豫饲 1 号’构树	24.64	8.64	16.82	0.34	4.13	16.60
日本构树	23.24	10.72	17.18	0.21	4.51	14.50
普通构树	21.75	7.81	9.23	0.22	4.39	21.80

参考文献

[1] 芦净,赵建成,杨艳秋,等.《山海经·南山经》植物考[J]. 科学通报,2013(s1):66-70.

[2] Li J, Luo Y, Jin Y. Electroantennogram activity of ash - leaf maple (Acer negundo) volatiles to Anoplophora glabripennis (Motsch.) [J]. Journal of Beijing Forestry University,1999,21:1-5.

[3] 翟飞飞,孙振元. 木本植物雌雄株生物学差异研究进展[J]. 林业科学,2015,51(10):110-116.

[4] Eberhardt M V, Chang Y L, Rui H L. Nutrition: Antioxidant activity of fresh apples[J]. Nature,2000,405(6789):903.

[5] 李定鲜. 天然药物刺囊酸的琥珀酸酐修饰[J]. 轻工科技,2015(7):132-134.

[6] 秦路平,杨庆柱,辛海量. 构树的本草考证及其药用价值[J]. 药学实践杂志,1999(4):254-255.

[7] 渠桂荣,张倩,李彩丽. 构树的药理与临床作用研究述略[J]. 中华中医药学刊,2003,21(11):1810-1811.

[8] 巢剑非,殷志琦,叶文才,等. 构树的化学成分研究[J]. 中国中药杂志,2006,31(13):1078-1080.

[9] 殷志琦,巢剑非,张雷红,等. 构树化学成分研究[J]. 天然产物研究与开发,2006,18(3):420-422.

[10] 赵霞. 附子多糖注射液治疗类风湿关节炎的实验研究[D]. 成都:成都中医药大学,2007.

[11] 邓华平,许新桥,张红岗,等. 构树(饲用型)产业发展100问[M]. 北京:中国农业科学技术出版社,2017.

[12] 赵红芳. 构树的品质评价及重金属胁迫下的种内变异研究[D]. 福州:福

建中医药大学,2011.

[13] 严明建,黄文章,胡景涛,等.应用隶属函数法鉴定水稻的抗旱性[J].杂交水稻,2009,24(5):76-79.

[14] 王丽,马远,陈随清.构树叶中牡荆素、芹菜素-7-O-β-D-吡喃葡萄糖醛酸苷的含量测定[J].安徽农业科学,2011,39(35):21647-21649.

[15] 李莹莹,窦德强,熊伟.构树叶化学成分的研究[J].中国现代中药,2012,14(4):7-9.

[16] 闫家凯.木樨草素对黄嘌呤氧化酶、α-葡萄糖苷酶抑制机理的探讨[D].南昌:南昌大学,2014.

[17] 夏道宗,张英,吕圭源.黄酮类化合物防治高尿酸血症和痛风的研究进展[J].中国药学杂志,2009,44(10):721-723.

[18] 隋海霞,徐海滨,荫士安.芹菜素的生物学作用[J].环境卫生学杂志,2008,35(2):103-107.

[19] 黄丽贞,郑作文,唐云丽,等.白背叶黄酮化合物 QB3 对人肿瘤细胞增殖的抑制作用[J].科学技术与工程,2011(22):5394-5396.

[20] 钟汉庭,张小强,王明奎.构树皮的化学成分研究[J].天然产物研究与开发,2011,23(4):661-663.

[21] 李知敏,陈纪军,闫孟红.构树皮化学成分鉴定及其抗菌活性研究[J].安徽农业科学,2010,38(14):7288-7290.

[22] 徐小花,钱士辉,卞美广,等.构树叶的化学成分[J].Chinese Journal of Natural Medicines,2007,5(3):190-192.

[23] 熊山,叶祖光.楮实子化学成分及药理作用研究进展[J].中国中医药信息杂志,2009,16(5):102-103.

[24] Lee D,Bhat K P L,Fong H H S,et al. Aromatase inhibitors from Broussonetia papyrifera. J Nat Prod 64:1286[J]. Journal of Natural Products,2001,64(10):1286-1293.

[25] Alam M S,Chopra N,Ali M,et al. Oleanen and stigmasterol derivatives from

Ambroma augusta[J]. Phytochemistry,1996,41(4):1197-1200.

[26] 陈蕙芳. 植物活性成分辞典[M]. 北京:中国医药科技出版社,2001.

[27] Cheng Z, Lin C, Huang T, et al. Broussochalcone A, a potent antioxidant and effective suppressor of inducible nitric oxide synthase in lipopolysaccharide-activated macrophages[J]. Biochemical Pharmacology,2001,61(8):939-946.

[28] Fang S C, Bor-Jinn S, Lin C N. Phenolic constituents of formosan Broussonetia papyrifera[J]. Phytochemistry,1994,37(3):851-853.

[29] 崔璨,陈随清,魏雅磊. 构树叶体外抗真菌作用的研究[J]. 河南科学,2009,27(1):40-42.

[30] 黄一平,卞美广,朱黎明. 楮叶体外抗真菌作用的实验研究[J]. 中国实验方剂学杂志,2006,12(1):49-50.

[31] 熊伟,窦德强. 构树总黄酮提取物及其制备方法与应用[P]. 中国专利:200910090547.4,2009-08-19.

[32] 张玉苍,何连芳,等. 构树叶黄酮的提取方法[P]. 中国专利:200810228869.6,2008-11-18.

[33] 陈随清,魏雅磊,等. 从构树叶中提取一种黄酮类物质在制备抗皮肤真菌感染药物的应用[P]. 中国专利:200810231595.6,2008-12-31.

[34] 王亭,杨雪莹,何瑞,等. 构树总黄酮对长波紫外线引起人角质形成细胞损伤的防护作用[J]. 中华劳动卫生职业病杂志,2005,23(6):442-444.

[35] 贾东辉,杨雪莹. 构树叶中黄酮成分分析和抗氧化活性的测定[J]. 职业与健康,2006,22(17):1352-1353.

[36] 陈随清,黄显章,崔瑛,等. 构树叶对大鼠前列腺炎模型的影响[J]. 中药药理与临床,2006,22(3):110-111.

[37] 高允生,邱玉芳,高聆,等. 构叶醇提取物与总黄酮甙对离体心房的抑制作用[J]. 中国药理学通报,1988(2):122-123.

[38] 卞美广,黄一平,朱黎明,等. 楮叶软膏治疗浅部真菌病 50 例临床观察[J]. 中医外治杂志,2003,12(3):19.

[39] 刘尚文,刘畅,汪红,等. 构叶保健减肥胶囊及其制备方法[P]. 中国专利:200710107524.0,2007-05-18

[40] 王明奎,鲍玲. 一种生物碱的提取方法及用途[P]. 中国:200810045481.2,2008-07-07.

[41] 吴兰芳,张振东,景永帅,等. 楮实提取物体外抗氧化活性的研究[J]. 中国老年学,2010,30(2):184-186.

[42] 庞素秋,王国权,秦路平,等. 楮实子红色素体外抗氧化作用研究[J]. 中药材,2006,29(3):262-265.

[43] 陈宏义,黎玉冰,甘淳,等. 中草药及复方抗乙肝病毒 s、e 抗原的研究与疗效[J]. 现代诊断与治疗,2000,11(4):197-199.

[44] 胡丽娅,康艳. 兰豆枫楮汤加减治疗肝硬化腹水 36 例[J]. 湖北中医药大学学报,1999,1(3):52-53.

[45] 陈晓明,张金明. 补肾调周促排卵的临床应用[J]. 中国中医药咨讯,2010,02(29):73.

[46] 陈金娇. 清热化瘀益肾汤治疗男性生殖系统感染性不育 32 例[J]. 浙江中医药大学学报,2000,24(4):36.

[47] Lin C N , Lu C M , Lin H C , et al. Novel Antiplatelet Constituents from Formosan Moraceous Plants[J]. Journal of Natural Products,1996,59(9):834-838.

[48] 许明录,汤波,靳鹏飞,等. 构树的化学特性和药理作用研究进展[J]. 河南科技学院学报(自然科学版),2011,39(1):51-55.

[49] 张尊祥,戴新民,杨然,等. 楮实对老年痴呆血液 LPO SOD 和脂蛋白的影响[J]. 解放军药学学报,1999,15(4):5-6.

[50] 冯卫生,李红伟,郑晓珂,等. 构树叶的化学成分[J]. 药学学报,2008,43(2):173-180.

[51] 杨小建,王金锡,胡庭兴. 中国构树资源的综合利用[J]. 四川林业科技,2007,28(1):39-43.

[52] 郑汉臣,黄宝康. 构树属植物的分布及其生物学特性[J]. 中国野生植物资源,2002,21(6):11-13.

[53] 林文群,刘剑秋. 构树种子化学成分研究[J]. 亚热带植物科学,2000,29(4):20-23.

[54] 马养民,张志伟. 构树属植物黄酮类化合物及其药理作用研究进展[J]. 时珍国医国药,2009,20(3):733-734.

[55] 黄宝康,秦路平,郑汉臣,等. 楮实子的氨基酸及脂肪油成分分析[J]. 第二军医大学学报,2003,24(2):213.

[56] 吴春颖,刘玉军. 中国常用木本药用植物资源概述[J]. 世界科学技术:中医药现代化,2009,11(1):101-105.

[57] 熊文愈. 中国木本药用植物[M]. 上海:上海科技教育出版社,1993.

[58] 陈士林,林余霖. 中草药大典:原色中草药植物图鉴[M]. 北京:军事医学科学出版社,2006.

[59] 冯建灿,李爱琴. 中国抗癌高等植物资源[J]. 经济林研究,1999(1):38-43.

[60] 姚杭海. 中国境内抗癌资源植物及其开发[J]. 生物学教学,2005,30(5):7-10.

[61] 陈可冀,徐浩. 心血管病植物药研究进展[J]. 中华老年医学杂志,2000,19(5):328-329.

[62] 李晶,王福森,李树森,等. 黑龙江省主要杨树纤维用材品种纸浆性能综合评价[J]. 防护林科技,2013(3):17-20.

[63] 袁传武. 杨树造纸的开发利用与可持续发展的途径[J]. 湖北林业科技,1998(4):37-39.

[64] 彭毓秀,李忠正. 桉木化学浆造纸性能的研究[J]. 中国造纸,1995(5):35-40.

[65] 于东阳,梅芳,王军辉,等. 不同种源楸木制浆造纸性能的遗传变异[J]. 河南农业大学学报,2013,47(6):703-709.

[66] 宁坤,刘笑平,林永红,等. 白桦子代遗传变异与纸浆材优良种质选择[J]. 植物研究,2015,35(1):39-46.

[67] 苘胜军,何树松,李雨曼. 辽宁省主栽杨树品种制浆造纸性能测试及分析[J]. 辽宁林业科技,1996(6):46-48.

[68] 齐新民,丁贵杰,王德炉,等. 马尾松纸浆用材林不同培育技术措施经济效益分析[J]. 浙江林业科技,2001,21(3):69-73.

[69] 熊逸越. 试论我国宋代纸币艺术设计[J]. 兰台世界,2015,485(27):77-78.

[70] 董明. 唐宋时期宣歙池地区文化用品制造业的兴衰变迁——以笔、墨、纸、砚为例[J]. 池州学院学报,2015(1):81-86.

[71] 陆小鸿. "滋阴补肾"楮实子[J]. 广西林业,2016(1):25-26.

[72] 吴正光. 贵州的造纸文化[J]. 当代贵州,2005(21):57.

[73] 聂青,张志芬. 构树制浆研究与综合利用的初步探讨[J]. 西南造纸,2001(5):10-12.

[74] 李金花,宋红竹,薛永常,等. 我国制浆造纸木材纤维原料的现状及发展对策[J]. 世界林业研究,2003,16(6):32-35.

[75] 白淑云, 刘秉钺, 何连芳. 造纸原料新材种——杂交构树[J]. 湖南造纸,2008,3:7-9,14.

[76] 牛敏,高慧,张利萍. 构树木质部的纤维形态、化学组成及制浆性能[J]. 经济林研究,2007,25(4):45-49.

[77] 李晓岑. 浇纸法与抄纸法——中国大陆保存的两种不同造纸技术体系[J]. 自然辩证法通讯,2011(5):76-82.

[78] 廖声熙,李昆,杨振寅,等. 不同年龄构树皮的纤维、化学特性与制浆性能研究. 林业科学研究[J],2006,19(4):436-440.

[79] 杨卫泽,袁首乾,廖声熙. 云南少数民族利用构树皮手工造纸现状调查[J]. 林业调查规划,2015,2(1):78-81.

[80] 赵建芬,薛振军. 构皮纤维的再生利用[J]. 纸和造纸,2017,36(4):4-5.

[81] 白淑云.不同树龄构树制浆性能分析[D].大连:大连工业大学,2009.

[82] 韩征.从手工造纸工艺的传承谈非物质文化遗产的保护——新密市大隗镇手工造纸工艺探访[J].中共郑州市委党校学报,2009(6):136-138.

[83] 聂青,刘智,邱先琴.构皮几种制浆方法的对比[J].湖北造纸,2001(2):7-8.

[84] 李新平,林友锋.从构皮的理化性能谈构皮的制浆[J].国际造纸,2003,22(1):33-35.

[85] 聂青,张志芬.构树制浆研究与综合利用的初步探讨[J].西南造纸,2001(5):10-12.

[86] 孙福寿.一种构树皮纸制造工艺[P].中国专利:CN104532637A,2015-04-22.

[87] 何连芳,刘秉钺,张玉苍.光叶楮(构树)韧皮纤维的脱胶制浆方法[P].中国专利:CN101581050,2009-11-18.

[88] 刘倩,胡传波,谭礼斌,等.一种以构树皮为原料的造纸工艺方法[P].中国专利: CN105544282A,2016-05-04.

[89] 何连芳,刘秉钺,熊伟.构树韧皮纤维脱胶制浆的方法[P].中国专利:CN101168929,2008-04-30.

[90] 陈洪章,彭小伟,张作仿.构树茎皮汽爆脱胶制备宣纸等纸浆的方法[P].中国专利:CN101487195,2009-07-22.

[91] 李惊亚.古法造纸术保护的苦乐忧思[N].西部时报,2009-12-18:9.

[92] 夏丰昌,李大银,王世东,等.河南省发展造纸工业原料林的探讨[J].河南林业科技,2000(1):26-28.

[93] 范增伟.论河南省实施林纸一体化的重要战略意义[J].河南林业科技,2007,27(1):24-25.

[94] 顾民达.关于"加快林纸一体化,发展我国木材造纸"的几点看法[J].林业经济,2000(s1):13-18.

[95] 顾民达.加快造纸工业原料林基地建设促进我国造纸工业稳步发展[J].

造纸信息,2001(12):6-7.

[96] 黄文悦.培育构树菌纸两用林的初步探讨[J].湖南林业科技,1991(1):47-49.

[97] 吴金雷,郑玉权,梅丽娟,等.构树木屑代料栽培灵芝的初步研究[J].中国食用菌,2014,33(6):40-42.

[98] 吴金雷.野生构树木屑袋料栽培食药用菌的可行性研究[D].扬州:扬州大学,2014.

[99] 张健,黄天骥,龚长久.一种利用构树栽培食用菌的栽培料及其栽培方法[P].中国专利:CN105935025A,2016-09-14

[100] 林春俤.食用菌原料林的营造及其利用的探讨[J].福建林业科技,1998(4):56-58.

[101] 周峰.构树叶、花序及果实的氨基酸分析[J].药学实践杂志,2005,23(3):154-156.

[102] 郭香凤,史国安,韩建国,等.构果原汁超氧化物歧化酶活性及营养成分分析[J].植物资源与环境学报,1997(4):61-62.

[103] 芦文娟,周文美,曾艳,等.构树雄花序一般营养成分的测定[J].贵州大学学报(自然科学版),2010,27(4):86-87.

[104] 林文群,陈忠,李萍.构树聚花果及其果实原汁营养成分的研究[J].天然产物研究与开发,2001,13(3):45-47.

[105] 冯昕,呼玉侠.构树果酸奶的生产工艺研究[J].中国酿造,2011,30(3):167-169.

[106] 覃勇荣,刘宗琼,覃兴家,等.构树果汁饮料加工及保鲜工艺研究[J].食品科技,2012(3):130-135.

[107] 华栋,张春海,姚美芬.构树雄花序的营养成分[J].江苏师范大学学报(自然科学版),2002,20(4):74-75.

[108] 崔勤,徐国强,吴瑞敏.构树叶营养成分研究[J].养殖与饲料,2008(6):102.

[109] 顾娴,郝生燕.青贮饲料研究综述[J].甘肃农业科技,2017(6):85-87.

[110] 侯改凤,李瑞,陈达图,等.构树叶的生物学功能及其在畜禽生产中的应用[J].中国饲料,2013(12):11-13.

[111] 何国英.非常规饲料——构树叶(LBP)的营养价值评定研究[D].南宁:广西大学,2005.

[112] 韩文林,杨琴霞.浅谈青贮饲料的优点及制作方法[J].中国畜牧兽医文摘,2014,30(10):210.

[113] 贺海军,孙林,余敏杰.饲料种类及其特点[J].实用技术,2017(8):53-55.

[114] 吉进卿.青贮饲料营养价值的影响因素[J].中国饲料,1998(7):29-30.

[115] 刘尚文.一种含发酵构树叶的高蛋白饲料及其生产方法[P].中国专利:CN1961709,2007.

[116] 李党法.构树的培育与开发利用[J].中国林副特产,2007(1):49.

[117] 李勇.构树叶对营养性肥胖小鼠脂肪代谢的影响[D].湛江:广东海洋大学,2011.

[118] 刘禄之.青贮饲料的调制与利用[M].北京:金盾出版社,2004:12-15.

[119] 李尚波.畜禽十大高效饲料添加剂[M].沈阳:辽宁科技出版社,2002:3-5.

[120] 李旭业,徐海霞,董扬,等.青贮添加剂种类及其对青贮饲料品质的影响[J].现代畜牧科技,2016(1):32-33.

[121] 孙建昌,胡彬,方小平.构树综合开发与利用[J].贵州林业科技,2006,35(4):61-64.

[122] 孙华,李海军,彭先文,等.构树叶粉饲用价值的初步评价[J].安徽农业科学,2011,39(31):19222-19223.

[123] 沈世华,邓华平.构树栽培及饲用技术[M].北京:中国农业科学技术出版社,2016.

[124] 屠焰,刁其玉,张蓉,等.杂交构树叶的饲用营养价值分析[J].草业科学,

2009,26(6):136-139.

[125] 陶兴无,柳志杰,张求学,等. 构树叶发酵工艺及饲喂生长猪试验[J]. 武汉轻工大学学报,2006,25(3):5-7.

[126] 吴卫华. 论我国叶蛋白的研究方向[J]. 中国饲料,1995(14):13-14.

[127] 汪文忠. 青贮饲料制作的种类及制作技术要点[J]. 江西饲料 2017(1):23-24.

[128] 王忠艳. 动物营养与饲料学[M]. 哈尔滨: 东北林业大学出版社,2004:20.

[129] 魏会琴,刘忠华,万文. 构树研究概况及展望[J]. 福建林业科技,2008,35(4):261-266.

[130] 夏中生,何国英,廖志超,等. 构树叶粉用作生长肥育猪饲科的营养价值评价[J]. 粮食与饲料工业 2008(12):37-38.

[131] 许健. 新型饲料——构树[J]. 中国畜牧业,2004(22):63-65.

[132] 熊佑清. 构树在绿化中的应用研究[J]. 中国园林,2004,20(8):72-74.

[133] 徐又新,汤福泉. 构树叶饲用价值的初步评价[J]. 中国野生植物资源,1990(1):12-14.

[134] 杨祖达,陈华,叶要妹,等. 构树叶资源利用潜力的初步研究[J]. 湖北林业科技,2002(1):1-3.

[135] 杨小建,王金锡,胡庭兴. 中国构树资源的综合利用[J]. 四川林业科技,2007,28(1):39-43.

[136] 衣晓岩. 国内饲料行业发展现状分析[J]. 山东畜牧兽医,2017,38(8):61-62.

[137] 袁金龙. 青贮饲料的营养价值与利用[J]. 饲料与添加剂,2014(3):53.

[138] 于明,刘素杰,程波,等. 构树叶的营养成分分析及与刺槐树叶的营养比较[J]. 辽宁农业职业技术学院学报,2012,14(4):15-16.

[139] 张养东,杨军香,王宗伟,等. 青贮饲料理化品质评定研究进展[J]. 中国畜牧杂志,2016,52(12):37-42.

[140] 张德玉,李忠秋,刘春龙.影响青贮饲料品质因素的研究进展[J].家畜生态学报,2007,28(1):109-112.

[141] 张越,李彬.青贮饲料的制作技术要点[J].牧草饲料,2014(5):124.

[142] 张子仪.中国饲料科学[M].北京:中国农业出版社,2000.

[143] 张丽英.饲料分析及饲料质量检测技术[M].3版.北京:中国农业大学出版社,2007:49-79.

[144] 张益民,于汉寿,张永忠,等.构树叶发酵饲料中营养成分的变化[J].饲料工业,2008,29(23):54-55.

[145] 张秋玉,李远发,梁芳.构树资源研究利用现状及其展望[J].广西农业科学,2009,40(2):217-220.

[146] 周德宝.青贮饲料研究、发展及现状[J].氨基酸和生物资源,2004,26(2):32-34.

[147] 郑新毅,吐尔洪.微生物青贮接种剂研究进展与探讨[J].草食家畜,2007(3):41-45.

[148] 翟斌生.构树饲料林营建技术[J].安徽林业2008(1):40.

[149] Chen R M , Hu L H , An T Y , et al. Natural PTP1B Inhibitors from Broussonetia papyrifera. [J]. Bioorganic & Medicinal Chemistry Letters, 2002, 12(23):3387-3390.

[150] Jang Dong-Il, Lee Byeong-Gon, Jeon Che-ok, et al. Melanogenesis Inhibitor from Paper mulberry(J). Cosmet Toiletries, 1997, 122(3):59-61.

[151] 刘新民. 桑科植物构树根皮提取物:一种化妆品皮肤脱色组分[J]. 北京日化, 2000(4):7-12.

[152] 赵成春, 颜廷凤, 彭兰菊,等. 楮树根治疗乳腺增生103例[J]. 中国民间疗法, 1997.

[153] Ko H H , Yu S M , Ko F N , et al. Bioactive constituents of Morus australis and Broussonetia papyrifera[J]. Journal of Natural Products, 1997, 60(10):1008-1011.

[154] Lee D, Bhat K P L, Fong H H S, et al. Aromatase Inhibitors from Broussonetia papyrifera[J]. Journal of Natural Products, 2001, 64(10):1286-1293.